11
1968

Faserforschung und Textiltechnik

WISSENSCHAFTLICH-TECHNISCHE ZEITSCHRIFT
FÜR DIE CHEMIEFASER- UND TEXTILINDUSTRIE

BEGRUNDET VON
ERICH CORRENS UND WALTER FRENZEL

HERAUSGEGEBEN VON ERICH CORRENS – WOLFGANG BOBETH – HANS BÖHRINGER – HERMANN KLARE – BURKART PHILIPP – CHRISTIAN RUSCHER

SCHRIFTLEITER J. BRÄMER UND I. RUSCHER

AUS DEM INHALT

AKADEMIE-VERLAG BERLIN

Faserforsch. u. Textiltechnik • 19. Jahrg. • Heft 11 • Seiten 489–544 • Berlin im November 1968

A-AW
F-O 65
A-A
P-M 100
A-W
P-S
P-NT
P-M 10
F-D
AAW
F-PC
W-OF 100
P-FK
P-NT

Correns, Erich

Joachim Brämer 65 Jahre

Faserforsch. u. Textiltechnik **19** (1968) 11, S. 489—490. 1 Abb.

DK 547.458.82:546.11.02.2:535.343—15:535.347

Dechant, Johannes

Die Interpretation des UR-Spektrums der Cellulose unter Verwendung von CD-deuterierten Proben

Faserforsch. u. Textiltechnik **19** (1968) 11, S. 491—499. 3 Abb., 4 Tab., 29 Lit.

Eine neue Zuordnung des Ultrarotspektrums der Cellulose wird vorgeschlagen, die auf Untersuchungen von spezifisch an den Kohlenstoffatomen deuterierten Proben basiert. Die meisten Frequenzen erweisen sich als gekoppelte Schwingungen unter Beteiligung fast aller Atome des Glucoserings, so daß die Zuordnung nur angeben kann, welche Gruppen wesentlich zu einer Absorptionsfrequenz beitragen. Dichroitische Untersuchungen und die Abhängigkeit des UR-Spektrums von der übermolekularen Struktur werden in die Diskussion der Banden mit einbezogen.

DK 677.463:677.46.021.525/.526
677.46.061.39:537.533.35.08

Rose, Klaus Peter, Maron, Reinhard, und *Gröbe Anneliese*

Elektronenmikroskopische Untersuchungen an Oberflächen von Celluloseregeneratfäden

Teil IV. Wirkung von Viskosemodifikatoren auf die Deckschichtbildung — elektronenmikroskopischer Nachweis

Faserforsch. u. Textiltechnik **19** (1968) 11, S. 499—504. 5 Abb., 4 Lit.

Mittels der Methode des Feuchtabdrucks wurde an Oberflächen ungetrockneter Celluloseregeneratfäden der Einfluß von Viskosemodifikatoren auf die Deckschichtbildung untersucht. Die Modifikatoren „Oxidwachs AX", „Berol L 603" und das Modifikatorgemisch „Polyglykol 1500"/„Leomin AC 80" verändern die Morphologie der Zinksulfidschicht und stabilisieren diese gegenüber der Einwirkung des Spinnbades.

DK 678.7:[541.24:519.241]:536.413

Fritzsche, Peter

Einfluß der Verteilung der relativen Molekülmassen auf die $[\eta]$-M-Beziehungen bei Polymeren

Faserforsch. u. Textiltechnik **19** (1968) 11, S. 505—508. 1 Abb., 2 Tab., 8 Lit.

Beziehungen für Korrekturfaktoren, die den Einfluß der Verteilung der rel. Molekülmassen auf die $[\eta]$-M-Beziehungen berücksichtigen, werden allgemein abgeleitet. Zuerst wird dabei die Abhängigkeit des Expansionskoeffizienten α von der rel. Molekülmasse vernachlässigt. Die Korrekturfaktoren werden für die *Schulz/Zimm*- und die *Tung*-Funktion berechnet. Berücksichtigt man bei der Ableitung der Korrekturfaktoren die Abhängigkeit des Expansionskoeffizienten von der rel. Molekülmasse, so erhält man einen komplizierten Verlauf, der an einem Beispiel dargestellt wird.

DK 678.6/.7:541.24:541.18.043.5:532.133

Linow, Karl-Joachim, und *Philipp, Burkart*

Zur Bestimmung der relativen Molekülmasse von Hochpolymeren durch Messung von Sedimentationsgeschwindigkeit und Viskositätszahl

Faserforsch. u. Textiltechnik **19** (1968) 11, S. 509—513. 1 Abb., 2 Tab., 34 Lit.

Auf der Grundlage kürzlich veröffentlichter Überlegungen zur theoretischen Begründung der Viskositäts/Konzentrations-Beziehung nach *Schulz/Blaschke* werden Überlegungen zur Bestimmung der rel. Molekülmasse aus Sedimentationskonstante und Viskositätszahl unter Verwendung der systemabhängigen Viskositätskonstanten k_{SB} der *Schulz/Blaschke*-Gleichung sowie zur Konzentrationsabhängigkeit der Sedimentationskonstanten mitgeteilt und anhand von Literaturdaten geprüft.

DK 677—042.2:677.061.1:539.412.1:620.172.222

Bobeth, Wolfgang, und *Päßler, Helmar*

Zum Verhalten von Fäden bei Druckbeanspruchungen durch Walzen

Teil III. Walzversuche mit polyfilen Seiden und Garnen

Faserforsch. u. Textiltechnik **19** (1968) 11, S. 514—518. 11 Abb.

Es wird gezeigt, daß beim Walzen von polyfilen Seiden die einzelnen Elementarfäden ungleichmäßig auf Druck beansprucht werden und daß dadurch erhöhte Reißkraft- und Reißdehnungsverluste im Vergleich zu gleichmäßig druckbeanspruchten Fäden auftreten. Zur Einschätzung des Druckverhaltens verschiedener Garne und polyfiler Seiden werden die Reißlängenänderungen durch das Walzen in Abhängigkeit von der auf den Substanzquerschnitt der Fäden bezogenen Walzdruckkraft dargestellt.

DK 677—042.2:539.412.1:620.163

Trommer, Günter

Das Kraft-Dehnungs-Verhalten von Kernwindefäden

Faserforsch. u. Textiltechnik **19** (1968) 11, S. 518—526. 13 Abb.

Beziehungen für das Kraft-Dehnungs-Verhalten von Kernwindefäden aus ungedrehtem, mit einer Seide umwundenen Faserband werden abgeleitet. Fadenprüfergebnisse, die mit den berechneten Werten verglichen werden, zeigen die generelle Brauchbarkeit der entwickelten Gleichungen. Ferner werden die die Reißkraft des Kernwindefadens am stärksten beeinflussenden Faserstoff- und Fadenparameter herausgearbeitet, so daß schließlich daraus Aussagen über eine optimale Fadenkonstruktion getroffen werden können. Eine Fadenscheuer- und Pilling-Prüfung runden das Bild über Kernwindefäden ab.

Kurze Mitteilungen

DK 677-042.2:620.172.222

Kaufmann, Siegfried

Zur Definition der Reißlänge eines Fadens

Faserforsch. u. Textiltechnik **19** (1968) 11, S. 526—527. 2 Lit.

DK 677.1/.3:168.1:001.4

Böhme, W.

12. Mitteilung des FA Textilterminologie der KDT Naturfaserstoffe: Einteilung — Begriffe — Kurzzeichen

Faserforsch. u. Textiltechnik **19** (1968) 11, S. 527—530.

DK 389.6:620.172:168.1

Winkler, Friedrich

Standardisierte Begriffe der Textilprüfung und verwandter Gebiete

1. Statische Zugprüfung, Beiblatt R (Teil 1)

Faserforsch. u. Textiltechnik **19** (1968) 11, S. 531—537. 3 Lit.

Die Zeitschrift „Faserforschung und Textiltechnik" erscheint monatlich in Heften zu 48 Textseiten im Format A 4. Der Preis für das Einzelheft beträgt M 15,– (Sonderpreis für DDR M 9,–), für den Vierteljahrbezug M 45,– (Sonderpreis für DDR M 27,–), zuzügl. Bestellgeld. Die Berechnung erfolgt zu Beginn eines Vierteljahrs für 3 Hefte. Bestellungen aus dem Gebiet der Deutschen Demokratischen Republik an ein Postamt, eine Buchhandlung oder den Verlag, aus der Deutschen Bundesrepublik an eine Buchhandlung oder die Auslieferungsstelle Kunst und Wissen, Erich Bieber, 7 Stuttgart 1, Wilhelmstraße 4–6, aus dem Ausland an eine Importbuchhandlung, den Deutschen Buch-Export und -Import GmbH., 701 Leipzig, Postschließfach 276, oder den Akademie-Verlag GmbH., 108 Berlin, Leipziger Str. 3–4 (Fernruf: 220441; Telex-Nr. 0112020; Postscheckkonto 35021) erbeten. Bestellnummer dieses Heftes: 1014/19/11. Alleinige Anzeigenannahme DEWAG-WERBUNG, 102 Berlin, Rosenthaler Str. 28/31, und alle DEWAG-Betriebe in den Bezirksstädten der DDR. – Bestellungen in der UdSSR nehmen entgegen: Städtische Abteilungen von „SOJUZPECHATJ" bzw. Postämter und Postkontore.

Herausgeber und verantwortlich für den Inhalt: Prof. Dr. Erich Correns, Institut für Faserstoff-Forschung der Deutschen Akademie der Wissenschaften zu Berlin, 153 Teltow-Seehof, Fernruf: Teltow 4831; Prof. Dr.-Ing. habil. Wolfgang Bobeth, Institut für Technologie der Fasern der Deutschen Akademie der Wissenschaften zu Berlin, 801 Dresden, Hohe Str. 6, Fernruf: 44721; Prof. Dr.-Ing. Hans Böhringer, Institut für Textiltechnologie der Chemiefasern Rudolstadt, Fernruf: Rudolstadt 2031; Prof. Dr. Hermann Klare, Prof. Dr. habil. Burkart Philipp und Dr. Christian Ruscher, Institut für Faserstoff-Forschung der Deutschen Akademie der Wissenschaften zu Berlin, 153 Teltow-Seehof, Fernruf: Teltow 4831. Schriftleiter: Joachim Brämer und Dipl.-Chem. Ingeborg Ruscher, 153 Teltow-Seehof, Kantstr. 55. Verlag: Akademie-Verlag GmbH., 108 Berlin, Leipziger Str. 3–4. Satz und Druck: Druckhaus „Maxim Gorki", 74 Altenburg. – Veröffentlicht unter der Lizenznummer 1280 des Presseamtes beim Vorsitzenden des Ministerrates der Deutschen Demokratischen Republik.

Manuskriptsendungen sind an einen der Herausgeber oder die Schriftleitung zu richten. Für Inhalt und Form gelten die „Richtlinien für die Annahme und Abfassung von Beiträgen", erhältlich von der Schriftleitung. Die Verfasser größerer wissenschaftlicher Arbeiten erhalten außer dem Honorar ein Heft und 50 Sonderdrucke ihrer Arbeit unentgeltlich. Nachdrucke sowie Übersetzungen in fremde Sprachen des Inhalts dieser Zeitschrift und deren Verbreitung – auch auszugsweise mit Quellenangabe – bedürfen der schriftlichen Vereinbarung mit dem Verlag.

Joachim Brämer 65 Jahre

Am 5. November 1968 vollendet Herr *Joachim Brämer* sein 65. Lebensjahr. Fast von den ersten Heften an ist er als Schriftleiter der „Faserforschung und Textiltechnik" tätig gewesen. Die mühevolle und sehr zeitraubende, aber für eine wissenschaftliche Zeitschrift wesentliche Arbeit eines Schriftleiters vollzieht sich meist im Hintergrund des wissenschaftlichen Geschehens, und gerade *Joachim Brämer* ließ mit großer Bescheidenheit seine Person nur allzu oft hinter der von ihm vertretenen Sache zurücktreten. So ist es den Begründern und Herausgebern dieser Zeitschrift ein besonderes Anliegen, die ihnen stets gewährte Unterstützung und Hilfe, die er ihnen in den vergangenen fast 20 Jahren gewährt hat, zu würdigen. Durch sein hervorragendes Können und seine großen Erfahrungen als technischer Berater, aber auch durch seine Besorgnis um den wissenschaftlichen Gehalt unserer Beiträge hat er sehr wesentlich dazu beigetragen, daß unsere Zeitschrift nach im Anfang vielen Schwierigkeiten sich im In- und Ausland durchsetzen und Beachtung sowie Anerkennung finden konnte.

Ende 1950 wurde Herr *Joachim Brämer* mit dem Ausbau der Abteilung „Wissenschaftliches Berichtswesen" des Institutes für Faserstoff-Forschung der Deutschen Akademie der Wissenschaften zu Berlin in Teltow-Seehof betraut. Die Aufgabe, nicht allein für die Mitarbeiter dieses Institutes, sondern für alle in unserer Republik auf dem Chemiefasergebiet Tätigen, möglichst schnell einen lückenlosen Schrifttumsnachweis und seine vollständige Bearbeitung zu erreichen, hat er in hervorragender Weise gelöst. Es ist zweifellos sein großes Verdienst, wenn heute den Wissenschaftlern des Institutes und den Fachleuten unserer Chemiefaserindustrie nicht nur eine moderne leistungsfähige Institutsbücherei zur Verfügung steht, sondern wenn auch über die Bereitstellung eines ausgedehnten Fachschrifttums hinaus den experimentell tätigen Wissenschaftlern und Technikern durch eine ausgezeichnete Auswertung dieses

Fachschrifttums die Arbeit wesentlich erleichtert wird. Besonders hervorzuheben sind seine Arbeiten an der von ihm maßgeblich vorangetriebenen Dezimalklassifikation unseres Spezialfachgebietes, die einen wesentlichen Fortschritt bei der Systematisierung des aus Publikationen zugänglichen Wissensstandes darstellt, und seine umfangreichen, zusammen mit anderen Dokumentationsstellen unseres Fachzweiges in echter Gemeinschaftsarbeit als Leitstelle erarbeiteten und herausgegebenen Informationsdienste, u. a. die Literaturschau und die Referatekartei ,,Faserstoffe und Textiltechnik" sowie die Patent- und Literaturschau in der Zeitschrift ,,Faserforschung und Textiltechnik".

Wenn Herr *Joachim Brämer* die Leitung der Abteilung ,,Wissenschaftliches Berichtswesen" am Institut für Faserstoff-Forschung am Ende dieses Jahres niederlegen wird, so hat er sich bereit erklärt, die Schriftleitung der ,,Faserforschung und Textiltechnik" weiterzuführen, wohl aus der Überzeugung heraus, daß diese seine Arbeit nicht nur erfolgreich war, sondern ihm auch Freude gemacht hat. Der herzliche Dank für das bisher Geleistete sei verbunden mit besten Wünschen für gute Gesundheit, Wohlergehen und Schaffenskraft in noch vielen zukünftigen Jahren gemeinsamer Arbeit.

Faserforschung und Textiltechnik

WISSENSCHAFTLICH-TECHNISCHE ZEITSCHRIFT FÜR DIE CHEMIEFASER- UND TEXTILINDUSTRIE

Band 19 November 1968 Heft 11

Die Interpretation des UR-Spektrums der Cellulose unter Verwendung von CD-deuterierten Proben

Johannes Dechant

Deutsche Akademie der Wissenschaften zu Berlin, Institut für Faserstoff-Forschung in Teltow-Seehof, Abteilung Physik

DK 547.458.82:546.11.02.2:535.343—15:535.347

Eine neue Zuordnung des Ultrarotspektrums der Cellulose wird vorgeschlagen, die auf Untersuchungen von spezifisch an den Kohlenstoffatomen deuterierten Proben basiert. Die meisten Frequenzen erweisen sich als gekoppelte Schwingungen unter Beteiligung fast aller Atome des Glucoserings, so daß die Zuordnung nur angeben kann, welche Gruppen wesentlich zu einer Absorptionsfrequenz beitragen. Dichroitische Untersuchungen und die Abhängigkeit des UR-Spektrums von der übermolekularen Struktur werden in die Diskussion der Banden mit einbezogen.

Интерпретация ИК-спектра целлюлозы с применением дейтерированных у атома углерода образцов

Предложена новая интерпретация ИК-спектра целлюлозы, основанная на изучении дейтерированных у атома углерода образцов. Большинство максимумов оказалось связанным с сопряженными колебаниями с участием почти всех атомов глюкозного кольца. Вследствие этого возможны лишь указания на то, насколько велик вклад отдельных групп в общую частоту поглощения. Для интерпретации проводилось также изучение дихроизма и зависимости ИК-спектра от надмолекулярной структуры.

Interpretation of the IR Spectrum of Cellulose Using CD-deuterated Samples

A novel assignement of the IR spectrum of cellulose is proposed based on investigations of special samples deuterated at the C-atoms. The bands proved to originate predominantly from coupled vibrations involving nearly all atoms of the glucose ring, the assignement thus referring to groups contributing essentially to an individual absorption band. Included into the discussion are dichroitic investigations and the effect of the supramolecular structure.

1. Einführung

Die Anwendung der Ultrarotspektroskopie als Hilfsmittel zur Untersuchung des physikalischen und chemischen Verhaltens der Cellulose setzt eine möglichst weitgehende Kenntnis des Ursprungs der verschiedenen Absorptionsbanden voraus. Der komplizierte Bau des Cellulosemoleküls und unsere mangelnde Kenntnis der Bindungskräfte und der Konformation in den verschiedenen kristallin-geordneten und ungeordneten Modifikationen verhindern eine exakte Berechnung der Schwingungsfrequenzen des Moleküls oder der Elementarzelle. Bei der Zuordnung der Absorptionsbanden sind wir deshalb auf empirische Methoden angewiesen, worunter die Gruppenanalyse, der Vergleich mit den UR-Spektren von Modellsubstanzen, dichroitische Messungen und die Untersuchung der beim Isotopenaustausch auftretenden Veränderungen des Spektrums zu verstehen sind. Die Diskussion des UR-Spektrums der Cellulose wird durch die Anwesenheit mehrerer Hydroxylgruppen in der Grundeinheit erschwert. Diese geben nicht nur selbst Anlaß zu verschiedenen Absorptionsfrequenzen, sondern ermöglichen auch die Ausbildung von einer Anzahl unterschiedlicher Wasserstoffbrücken, die das Spektrum des Moleküls stark beeinflussen.

Die charakteristischen Gruppenfrequenzen erlauben die Zuordnung der oberhalb 1400 cm^{-1} liegenden Banden, wogegen die Schwingungen im darunter liegenden Frequenzbereich selten in einer begrenzten Atomgruppe zu lokalisieren sind und nicht als charakteristisch angesehen werden können. Eine hauptsächlich auf der Gruppenanalyse beruhende Zuordnung des Cellulosespektrums, die jedoch im mittleren Ultrarotbereich zahlreiche Fragen offen ließ und Unsicherheiten enthielt, gaben *Forziati* und *Rowen* [1]. Zu besser gesicherten Zuordnungen gelangte *Tsuboi* [2] bei der Untersuchung von orientierten Cellulosefaserstoffen mit polarisierter Strahlung unter gleichzeitiger Beachtung der Veränderungen, die im Spektrum bei Deuterierung der Hydroxylgruppen auftreten. Ähnliche Untersuchungen führten *Liang* und *Marchessault* [3, 4] durch; ihre Zuordnung der Absorptionsbanden stimmt jedoch nicht in allen Fällen mit der von *Tsuboi* angegebenen Deutung überein. *Higgins* u. Mitarb. [5] konnten durch Vergleich der UR-Spektren von Cellulose und anderen Polysacchariden die Zuordnung einiger Absorptionsbanden, die mit der glucosidischen Verknüpfung der Glucoseringe zusammenhängen, präzisieren.

Am ausführlichsten wurden bisher die Valenzschwingungen der Hydroxylgruppen untersucht, da diese nicht von anderen Schwingungen überlagert werden und durch partielle Deuterierung die ν(OH)-Banden der kristallinen und ungeordneten Bereiche voneinander getrennt werden können [6]. Lage und Dichroismus der ν(OH)-Banden hängen sehr stark von den H-Brückenbindungen und damit von der übermolekularen Struktur ab. *Mann* und *Marrinan* [7, 8] untersuchten den Zusammenhang zwischen der ν(OH)-Absorption und den aus Röntgendiagrammen ermittelten kristallinen Modifikationen der Cellulose. Die Ergebnisse UR-spektroskopischer Untersuchungen können herangezogen werden, um die Anordnung des Moleküls im Kristallgitter festzulegen [3, 9, 10, 11], wobei es jedoch bisher noch nicht möglich war, alle Probleme zu klären [12].

Im mittleren Ultrarot konnte der Austausch des Hydroxylwasserstoffs viel zur Zuordnung der Absorptionsbanden beitragen. Die Ergebnisse sind aber weniger eindeutig als im Bereich der OH-Valenzschwingungen. Wenn bei der Deuterierung die Intensität einer Bande abnimmt, so kann man zwar folgern, daß Hydroxylgruppen an dieser Absorption beteiligt sind, jedoch ist keine Aussage darüber möglich, welche anderen Gruppen zu der Schwingung beitragen. Um besser fundierte Ergebnisse zu erhalten, ist es notwendig, auch den am Kohlenstoff gebundenen Wasserstoff gegen Deuterium auszutauschen.

Tabelle 1. Bezeichnung und Deuterierung der Proben

Probe	Lösungsmittel und C-Quelle der Bakterienkultur	Protonierung und Deuterierung der C-Atome[1])
A	H_2O, Glycerin-H_8	C^6H_2 $5 \times CH$
B	D_2O, Glycerin-H_8	C^6H_2 $4 \times CD$ C^1H
C	D_2O, Glycerin-D_8	C^6D_2 $5 \times CD$
D	H_2O, Glycerin-D_8	C^6D_2 $4 \times CH$ C^1D

[1]) Die oberen Indices beziehen sich auf die übliche Numerierung der C-Atome im Glucosering.

2. *Experimentelles*

Über die Herstellung von CD-deuterierten Proben durch Synthese von Bakteriencellulose in D_2O aus deuterierten Verbindungen wurde in der vorhergehenden Arbeit ausführlich berichtet [13]. In Tabelle 1 sind Bezeichnung und Deuterierung der Proben zusammengestellt.

Die Proben wurden als etwa 0,01 mm dicke lufttrockene Filme untersucht, deren Vorbereitung für die UR-spektroskopischen Untersuchungen in [13] beschrieben wurde. Für dichroitische Untersuchungen wurden gequollene Filme mit der Hand verstreckt. Der erreichte Orientierungsgrad ist nicht sehr groß, da Bakteriencellulose auch im stark gequollenen Zustand einen hohen Ordnungsgrad hat. Es ist von anderen Polymeren bekannt, daß bei hohem Kristallisationsgrad die Verstreckung Schwierigkeiten bereitet. Daher konnte nur die Art des Dichroismus bestimmt werden; über die genaue Lage des Übergangsmomentes relativ zur Kettenrichtung sind keine Aussagen möglich.

Zur Herstellung von Proben mit Cellulose-II-Struktur wurden Filme aus Bakteriencellulose bei 3 °C 24 h mit 18%iger Natronlauge behandelt. Diese Filme sind nach dem Waschen und Trocknen wesentlich dicker als im Ausgangszustand, so daß es nicht immer möglich war, die starken Banden zwischen 1000 und 1200 cm^{-1} zu erfassen.

Die Ultrarotspektren wurden mit dem Spektrometer UR 10 vom VEB Carl Zeiss Jena mit LiF-, NaCl- und KBr-Prismen aufgenommen. Die dichroitischen Messungen erfolgten mit einem vor dem Monochromatorspalt angeordneten Selenpolarisator.

Der Literatur entnommene Angaben für die Absorptionsfrequenzen des Cellulosespektrums weisen Schwankungen von 5 bis 10 cm^{-1} auf, wie aus einer von *Hummel* [14] veröffentlichen Zusammenstellung hervorgeht. Dadurch wird ein Vergleich in Bereichen mit größerer Bandendichte erschwert. Ursache dieser Schwankungen ist neben der vom Ordnungsgrad der Proben abhängigen Bandenbreite, daß die meisten Messungen mit NaCl-Prismenspektrometern durchgeführt wurden, die erhebliche Temperaturfehler aufweisen können. Wir haben deshalb unmittelbar nach jeder Messung Eichspektren aufgenommen und die Spektrometerangaben anhand von Tabellenwerten (z. B. [15]) korrigiert.

3. *Ergebnisse*

3.1. *CH-Valenzschwingungen*

In Tabelle 2 sind Frequenz, relative Intensität, Dichroismus und Zuordnung der CH- und CD-Valenzschwingungen von nativer Cellulose zusammengestellt. Außer der von uns aus der Deuterierung der CH-Gruppen abgeleiteten Zuordnung [13] sind in der Tabelle die Interpretationen von *Tsuboi* [2] und *Liang* sowie *Marchessault* [3] aufgeführt, die vorwiegend auf dichroitischen Messungen beruhen. Die π-dichroitische Bande 2853 cm^{-1} wurde von *Tsuboi* der symmetrischen CH_2-Valenzschwingung zugeschrieben, da die symmetrische Deformationsschwingung dieser Gruppe bei 1430 cm^{-1} ebenfalls paralleldichroitisch ist und allgemein angenommen wird, daß das Übergangsmoment für beide Schwingungen die gleiche Richtung haben muß. Diese Annahme ist jedoch keineswegs zwingend, wie man unter anderem daran erkennen kann, daß der Dichroismus von CH-Valenzschwingungen meist geringer ist als der von Deformationsschwingungen [16]. Im Abschnitt 3.2 werden wir zeigen, daß die Bande 1430 cm^{-1} nicht auf einer reinen $\delta(CH)_2$-Schwingung beruht, so daß unsere durch die Deuterierungsergebnisse geforderte Zuordnung der $\nu_s(CH_2)$-Schwingung zur σ-dichroitischen Bande 2897 cm^{-1} berechtigt ist. Diese Bande wird von einer CH-Valenzschwingung überlagert, die überwiegend für den starken σ-Dichroismus verantwortlich ist. Außer dem Dichroismus wurde auch die hohe Intensität der Bande 2897 cm^{-1} von *Tsuboi* sowie *Liang* und *Marchessault* als Grund für die Zuordnung zu CH-Schwingungen gewertet, da im Glucosering einer CH_2-Gruppe fünf CH-Gruppen gegenüber-

Tabelle 2. Zuordnung der CH- und CD-Valenzschwingungen von nativer Cellulose

Frequenz [cm^{-1}]	Intensität[1])	Polarisation	Zuordnung: diese Arbeit	Zuordnung: *Tsuboi* [2]	Zuordnung: *Liang* und *Marchessault* [3]
2970	*m*	π	$\nu(C^1H)$ (in Phase)	$\nu_a(CH_2)$	$\nu(CH)$
2943	*m*	(π)	$\nu_a(CH_2)$		$\nu_a(CH_2)$
2920	*Sch*	?	$\nu(CH)$		$\nu(CH)$
2897	*vs*	σ	$\nu(CH)$ (Gegenphase) $\nu_s(CH)_2$	$\nu(CH)$	$\nu(CH)$
2853	*s*	π	$\nu(CH)$ (in Phase)	$\nu_s(CH_2)$	$\nu_s(CH_2)$
2212	*m*	σ	$\nu_a(CD_2)$		
2140	*m*, breit	σ	$\nu(CD)$		
2110	*s*	σ	$\nu_s(CD_2)$		

[1]) *m* = mittel, *s* = stark, *vs* = sehr stark, *Sch* = Schulterbande.

stehen. *Stepanov*, *Žbankov*, und *Marupov* [17] machten jedoch darauf aufmerksam, daß diese Argumentation nicht stichhaltig ist. Die integrale Intensität von CH_2-Banden ist weit größer als die von CH-Banden [18]. Obwohl durch den benachbarten Sauerstoff die Intensität der CH-Banden erhöht wird, müssen wir auch auf Grund von Intensitätsbetrachtungen eine Beteiligung von CH_2-Gruppen an der starken Bande 2897 cm^{-1} annehmen.

Die schwache Schulterbande bei 2920 cm^{-1}, deren Dichroismus wegen der schlechten Auflösung schwer zu bestimmen ist, haben wir wegen ihres Deuterierungsverhaltens CH-Gruppen zugeordnet.

Die Bande 2943 cm^{-1} wird in der Literatur [2, 3] als σ-dichroitisch bezeichnet. Der Dichroismus ist wesentlich weniger ausgeprägt als bei den anderen Banden in diesem Bereich. In Probe B fanden wir bei 2943 cm^{-1} schwachen Paralleldichroismus. Auf Grund der Lage und des Deuterierungsverhaltens scheint die Zuordnung dieser Bande zur antisymmetrischen CH_2-Valenzschwingung gesichert.

Die stark π-dichroitische Bande 2970 cm^{-1} verhält sich beim Deuterieren wie die Bande 2943 cm^{-1}. Wir ordnen sie der C^1H-Valenzschwingung zu, da diese Gruppe an zwei Sauerstoffatome gebunden ist, womit die für eine $\nu(CH)$-Schwingung etwas zu hohe Frequenz erklärt werden kann.

Gegen die von uns vorgeschlagene Zuordnung spricht die Polarisation der Banden. Vor allem der σ-Dichroismus der symmetrischen CH_2-Valenzschwingung und der starke π-Dichroismus der CH-Banden bei 2853 und 2970 cm^{-1} sind mit den bekannten Strukturmodellen der nativen Cellulose nicht vereinbar, wenn man das Schwingungsspektrum eines isolierten Glucoseringes betrachtet. Die CH-Bindungen liegen alle nahezu senkrecht zur Faserachse, so daß CH-Banden mit starkem σ-Dichroismus erwartet werden [19]. Zu anderen Ergebnissen kommt man bei Berücksichtigung der Kopplung zwischen Schwingungen der vier in der Elementarzelle enthaltenen Glucosereste. In zwei benachbarten Glucoseresten liegende Gruppen können in Phase oder in Gegenphase schwingen, was bei genügend starker Kopplung eine Frequenzaufspaltung zur Folge hat. Für die CH-Gruppen ergibt die Schwingung in Phase eine π-dichroitische und die Schwingung in Gegenphase eine σ-dichroitische Bande. Mit dieser Vorstellung läßt sich das Auftreten von π-dichroitischen CH-Banden erklären. Diese Betrachtungen zeigen, daß man nur unter Vorbehalt aus dichroitischen Messungen auf die Konformation des Moleküls schließen kann.

Die Aufspaltung in zwei Schwingungen mit verschiedener Phasenlage ist an den kristallinen Ordnungszustand gebunden. Durch Mahlen in einer Vibrations-Kugelmühle werden die kristallinen Bereiche zerstört, wobei die π-dichroitische CH-Bande bei 2970 cm^{-1} verschwindet (Bild 1). Anstelle der scharfen Banden ist nur noch eine breite Absorption mit Peaks bei 2890 und 2930 cm^{-1} in den Proben A und B bzw. bei 2900 cm^{-1} in der von CH_2-Gruppen freien Probe D vorhanden. In Cellulose II spaltet die breite Bande bei 2900 cm^{-1} beim Zerstören der übermolekularen Struktur ebenfalls in zwei bei 2890 und 2930 cm^{-1} liegende Banden auf, die wir auf die Valenzschwingungen der CH_2-Gruppe

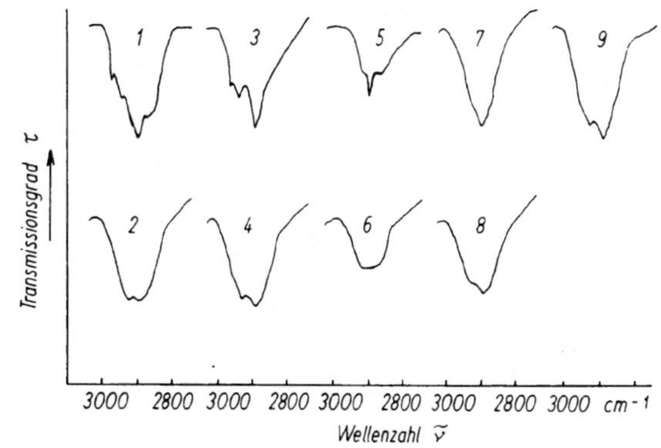

Bild 1. CH-Valenzschwingungen von kristalliner und amorpher Cellulose

1: Probe A, kristallin
2: Probe A, 30 min gemahlen
3: Probe B, kristallin
4: Probe B, 30 min gemahlen
5: Probe D, kristallin
6: Probe D, 30 min gemahlen
7: Cellulose II
8: Cellulose II, 30 min gemahlen
9: Cellulose II aus Probe B

zurückführen. In Cellulose II aus Probe B, die wenig CH-Gruppen enthält, ist die Aufspaltung auch in der nichtamorphisierten Probe vorhanden.

3.2. CD-Valenzschwingungen

Im Bereich der CD-Valenzschwingungen hat das Spektrum von deuterierter Bakteriencellulose weniger Banden als im CH-Valenzschwingungsgebiet (siehe Bild 3 in [13]), so daß wir die CD-Banden nicht einfach durch eine Frequenzverschiebung als Folge der geänderten Atommasse erklären können. Wir nehmen an, daß Lage und Intensität der $\nu(CD)$-Schwingungen durch Fermiresonanz mit einer Oberschwingung der starken Banden um 1100 cm^{-1} beeinflußt werden oder daß die Schwingungskopplung, die im CH-Gebiet eine Bandenaufspaltung bewirkt, im CD-Gebiet nicht auftritt. Für die zuletzt genannte Deutung spricht die Beobachtung, daß im CH-Bereich die gleiche Struktur der Banden (zwei CH_2-Banden mit höherer Intensität bei der kleineren Wellenzahl und eine breite CH-Bande) auch in den amorphen Proben und in CD-deuterierten Proben mit Cellulose-II-Struktur gefunden wird (Bild 1). Das Frequenzverhältnis beträgt 1,325 für $\nu_a(CD_2)$, 1,370 für $\nu_s(CD_2)$ und 1,355 für $\nu(CD)$. Diese Isotopenverschiebungen stimmen sehr gut mit den zu erwartenden Werten überein [20].

3.3. Das Spektrum im Bereich von 1700 bis 700 cm^{-1}

In diesem Bereich wird das Ultrarotspektrum der Cellulose beim Deuterieren sehr stark und in einer nicht leicht zu übersehenden Weise verändert (Bild 2). Nur wenige Banden, z. B. bei 1110 und 1060 cm^{-1}, treten in allen vier Proben an gleicher Stelle auf. Tabelle 3 enthält eine Übersicht über die beobachteten Banden, die relative Intensität, den Dichroismus und das Verhalten der Banden beim Deuteriumaustausch des Hydroxylwasserstoffs. Der Austausch wurde mit D_2O-Dampf in Deuterierungsküvetten durchgeführt [21], wobei nur die leicht zugänglichen Anteile der Probe deuteriert

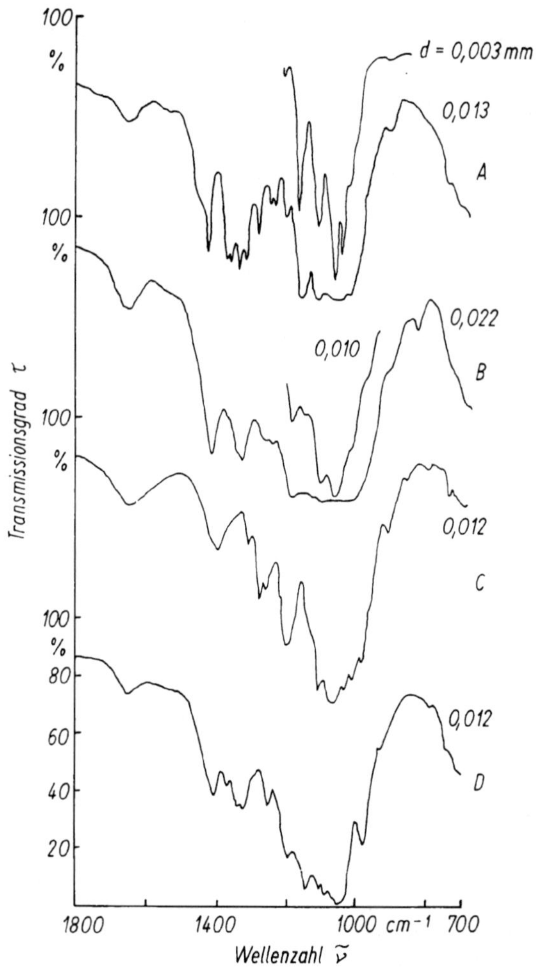

Bild 2. Ultrarotspektren von Bakteriencellulose mit unterschiedlicher Deuterierung im Bereich von 1800 bis 700 cm^{-1}

Probe A aus H_2O + Glycerin-H_8 (normale Bakteriencellulose)
Probe B aus D_2O + Glycerin-H_8
Probe C aus D_2O + Glycerin-D_8
Probe D aus H_2O + Glycerin-D_8

werden. Cellulose-II-Filme mit nahezu vollständiger OD-Deuterierung wurden durch Behandlung der Bakteriencellulose mit 18%iger deuterierter Natronlauge erhalten.

Die Banden bei 1455 und 1337 cm^{-1} wurden in der Literatur der ebenen Deformationsschwingung der COH-Gruppen zugeordnet [4]. Sie werden bei Deuterierung schwächer und verschwinden nach vollständigem Austausch der Hydroxylgruppen. Im UR-Spektrum von Polyvinylalkohol konnte die Dublettstruktur dieser Schwingung durch Resonanz mit der CH-Deformationsschwingung erklärt werden [22]. Für Cellulose wurde eine solche Deutung von *Tsuboi* [2] abgelehnt, da er an deuterierten Proben keine der freien δ(CH)-Schwingung entsprechende Bande fand. Nach unseren Messungen wird bei der Deuterierung das Maximum der in Cellulose II bei 1370 cm^{-1} liegenden Bande zu höherer Frequenz verschoben und liegt in der durch Mercerisation in NaOD vollständig deuterierten Probe bei 1386 cm^{-1}. Diese Bande ordnen wir der freien δ(CH)-Schwingung zu. Andererseits haben die keine CH- und CH_2-Gruppen enthaltenden Proben C starke Banden bei 1400 (Cellulose I) bzw. 1380 cm^{-1} (Cellulose II), die als die ungekoppelten COH-Deformationsschwingungen angesehen werden können, wobei der Frequenzunterschied zwischen den beiden Strukturmodifikationen auf die Wirkung der Wasserstoffbrücken zurückzuführen ist. Die Bande bei 1455 cm^{-1} tritt in den Proben B und C, in denen keine

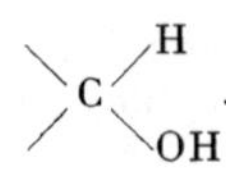 -Gruppen

vorhanden sind, nicht auf.

Die starke π-dichroitische Bande bei 1430 cm^{-1} wurde der symmetrischen Deformationsschwingung der CH_2-Gruppe zugeordnet [2, 4, 12]. Sie wird durch Deuteriumaustausch der OH-Gruppen nicht beeinflußt und ist in Cellulose I stärker und schärfer als in Cellulose II. In den aus Glycerin-D_8 synthetisierten Proben C und D fehlt die Bande. Im Spektrum der Probe B ist sie nach 1416 cm^{-1} verschoben, woraus folgt, daß sie nicht allein in der CH_2-Gruppe lokalisiert werden kann.

Auf Grund dieser Beobachtungen ordnen wir die $\delta_s(CH_2)$-, δ(CH)- und δ_i(OH)-Schwingungen den Frequenzen 1416, 1386 und 1400 cm^{-1} (bei Cellulose II 1380 cm^{-1}) zu. Die von der Struktur und der Deuterierung abhängige Kopplung zwischen diesen Frequenzen ist für die in Tabelle 3 aufgeführten Banden zwischen 1330 und 1455 cm^{-1} verantwortlich. Wir können jedoch auch die Kopplung zwischen den Schwingungen in benachbarten Glucoseeinheiten nicht ausschließen, auf die wir die Aufspaltung der Banden 1374 und 1361 cm^{-1} in der hochkristallinen Bakteriencellulose zurückführen. In weniger gut geordneter Cellulose I (Baumwolle) wird wie bei Cellulose II nur eine Bande bei 1370 cm^{-1} gefunden. Von *Tsuboi* wurden diese Bande einer CH-Deformationsschwingung in der Ebene OCH und die Bande bei 1318 cm^{-1} der Schwingung senkrecht zu dieser Ebene zugeordnet. Diese Zuordnung ist mit dem Dichroismus und unseren Ergebnissen an CD-deuterierten Proben verträglich.

Die ungestörte CH_2-Waggingschwingung ordnen wir einer Bande bei 1265 cm^{-1} in der vollständig hydroxyldeuterierten Probe B zu. In den anderen Proben wird diese Bande von weiteren Schwingungen überlagert. Auch die nur in den Proben B auftretende Bande bei 1328 cm^{-1} hängt mit der CH_2-Waggingschwingung zusammen und beruht auf der Kopplung mit OH-Schwingungen. Sie nimmt bei Deuterierung schnell ab. Die gleiche Zuordnung nehmen wir für die starke Bande 1163 cm^{-1} an, die nur in Proben mit CH_2-Gruppen auftritt. Von *Liang* und *Marchessault* [4] wurde die Bande 1163 cm^{-1} der antisymmetrischen Valenzschwingung der Glucosidbrücke zugeschrieben, was mit dem Paralleldichroismus leichter zu vereinbaren wäre. *Higgins* u. a. [5] wiesen jedoch darauf hin, daß die Intensität der Bande bei Deuterierung abnimmt und daß sie auch in kristalliner Glucose gefunden wird. Diese Befunde stimmen mit unserer Interpretation besser überein. Die von *Liang* und *Marchessault* [4] sowie von *Schneider* und *Vodňansky* [23] vorgeschlagene Zuordnung der CH_2-Waggingschwingung zur Bande 1318 cm^{-1} kann nicht zutreffen, da in den Spektren der Proben B diese Bande fehlt.

Tabelle 3. Zuordnung der Absorptionsbanden des mittleren Ultraspektrums von Cellulose

Cellulose I				Cellulose II				Zuordnung
A H_2O, Glyc. H_8	B D_2O, Glyc. H_8	C D_2O, Glyc. D_8	D H_2O, Glyc, D_8	A_{II}	B_{II}	C_{II}	D_{II}	
1455 m, Sch, σ, D^-	—	—	1455 *w*, *Sch*	1470 *w*, *Sch*, D^-	—	—	1470 *w*, *Sch*, D^-	$\delta_i(OH) + \delta(CH)$
1430 *s*, π, D^0	—	—	—	1420 *m*, D^0	—	—	—	$\delta_s(CH_2) + \delta(CH)$
—	1416 *s*, π, D^0	—	—	—	1415 *m*, D^0	—	—	$\delta_s(CH_2)$
—	—	—	1405 *s*, π, D^-	—	—	—	1405 *m*, D^-	$\delta_i(OH) + \delta(CH)$
—	—	1400 *s*, π, D^-	—	—	—	1380 *s*, π, D^-	—	$\delta_i(OH)$
—	—	—	—	1386 *s*, D^{++}	—	—	—	$\delta(CH)$
1374 *m*, π, D^0	1370 *w*, π, D^0	—	1370, *w* π, D^0	1370 *s*,	—	—	—	$\delta(CH)$ ‡ $\delta_i(OH)$ ‡ $\gamma_w(CH_2)$
1361 *m*, π, D^-								
	1350 *w*							
1337 *s*, σ, D^-		—	1337 *m*	1337 *w*, D^-	—	—	1330 *s*, *d*, D^-	$\delta_i(OH) + \delta(CH)$
—	1328 *s*, σ, D^-	—	—	—	1330 *s*, *d*, D^-	—	—	$\delta_i(OH) + \gamma_w(CH_2)$
1318 *m*, σ, D^0	—	—	1322 *m*, σ, D^0	1317 *m*, D^0	—	—	1320 *w*, *Sch*	$\delta(CH)$
—	—	1310 *m*	—	1295 *w*, D^{++}	—	—	—	
1284 *m*, π, D^0	—	1280 *m*, π, D^0	—	1280 *w*, D^-	—	1280 *m*, D^0	—	}
—	1270 *m*, π, D^-	1260 *m*, π, D^+	—	—	1265 *m*, D^-	—	—	} $\delta(OH) + \delta(CH) + \gamma_w(CH_2)$
1250 *m*, σ, D^-	—	—	1253 *m*, π, D^+	1260 *w*, D^-	1265 D^0 (γCH_2)	1250 *m*, D^0	1260 *m*, D^+, D^0	} $(+ \delta(OD) + \delta(CD) + \delta(CD_2))$
1235 *m*, π, D^-	1240 *w*, π, D^-	—	1230 *vw*, σ, D^0	1230 *m*, D^-	—	—	—	}
—	1220 *w*, *Sch*, π, D^0	1210 *m*, π, D^0	—	—	—	1200 *m*, D^0	—	$\delta(CD)$
1205 *m*, σ, D^-	1185 *s*, π, D^-	1195 *s*, σ, D^-	1195 *m*, π, D^-	1200 *m*, D^-	1185 *m*, D^-	1195 *s*, D^-	—	$\delta(OH) + \delta(CH)$
1163 *vs*, π, D^-	1165 *m*, π, D^-	—	—	1160 *vs*, D^-	?	?	?	$\delta(OH) + \delta(CH_2)$
—	1145 *w*, π, D^0	1145 *w*, π, D^0	1145 *w*, π, D^0	—	?	?	?	$\delta(CD)$
1110 *vs*, π, D^0	1108 *vs*, π, D^0	1110 *vs*, π, D^0	1108 *vs*, π, D^0	1120 *vs*, *d*, $D^{(-)}$	?	?	?	$\nu_{a,i}$ 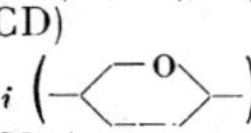
—	—	1075 *m*, *Sch*, π	1080 *w*, *Sch*, π	—	?	?	?	$\delta(CD_2)$
1060 *vs*, π, D^0	1060 *vs*, π, D^0	1060 *vs*, π, D^0	1060 *vs*, π, D^0	1070 *vs*, D^0	?	?	?	$\nu_a(COC)$ (Brücke)
1035 *vs*, π, D^0	—	1035 *m*, π, D^0	—	1030 *vs*, D^0	?	?	—	}
1015 *m*, π, D^0	—	1015 *m*, π, D^0	—	—	?	?	—	} $\nu(C-C)$ ‡ $\nu(C-OH)$ ‡
1000 *w*, *Sch*, π, D^-	1010 *m*, D^0	—	—	1000 *m*, D^-	?	?	—	} ‡ $\delta(CH)$ ‡ $\delta(OH)$
—	965 *w*, *Sch*, π, D^-	—	975 *m*, π, D^-	970 *w*, *Sch*, D^-	?	?	980 *s*, D^-	}
—	—	985 *m*, π, D^0	985 *w*, π, D^0	—	?	?	985 *w*, D^0	$\gamma_w CD_2$
—	—	910 *m*, σ, D^0	930 *w*, *d*, σ, D^0	—	—	910 *m*, D^0	910 *w*, D^0	$\nu_s(COC)$ (Brücke)
898 *w*, π, D^0	898 *w*, π, D^0	—	—	900 *w*, D^0	900 *vw*, *d*, D^0	—	—	$\nu_s(COC)$ (Brücke) $+ \delta(C^1H)$
—	—	—	—	900 *s*, D^-	—	—	910 *w*, D^-	$\delta\left(\rangle C\langle^{OH}_{H}\right)$
880 *w*, D^{++}	880 *w*, D^{++}	890 *w*, D^{++}	880 *w*, D^{++}	880 *w*, D^{++}	880 *w*, D^{++}	880 *w*, D^{++}	880 *w*, D^{++}	}
800 *m*, D^{++}	830 *m*, σ. D^0	855 *m*, σ, D^+	790 *m*, π, D^0	800 *w*, D^+	850 *w*, D^0	860 *w*, D^+	800 *m*, D^0	} $\delta(OD)$ ‡ $\delta(CD)$ ‡ $\delta(CD_2)$
					805 *m*, D^0	800 *w*, D^{++}		}
						770 *w*, D^0		}
745 *w*, D^0	745 *vw*, D^0	710 *w*, σ, D^0	745 *vw*, D^0	—	—	—	—	Ringatmungsschwingung
715 *w*, σ, D^0	—	—	745 *vw*, D^0	715 *vw*	—	—	—	$\gamma_r(CH_2)$

Erläuterungen:

Intensität: *vs* = sehr stark, *s* = stark, *m* = mittel, *w* = schwach, *vw* = sehr schwach, *Sch* = Schulterbande, *d* = diffus, breit, ? = Probe ist für diesen Bereich zu dick

Polarisation: σ = senkrecht, π = parallel

Verhalten bei Deuteriumaustausch (OH):
D^0 = Intensität unverändert
D^+ = Intensität nimmt zu
D^- = Intensität nimmt ab
D^{++} = Bande erscheint nur nach Deuterierung

Zuordnung: + Kopplung
, Überlagerung
‡ verschiedene Möglichkeiten, die gekoppelt sein können

Die Banden 1284, 1250, 1235 und 1205 cm^{-1} sind δ(OH)-, δ(CH)- und $\gamma_w(CH_2)$-Schwingungen zuzuordnen. Die Bande 1235 cm^{-1} nimmt bei Deuterierung ab, sie ist also mit Schwingungen der Hydroxylgruppen verbunden. Andererseits hängt sie auch von CH-Gruppen ab, da sie in den ganz oder teilweise CD-deuterierten Proben nicht auftritt. Auch die anderen Banden in diesem Bereich verhalten sich gegenüber der Deuterierung der CH- und OH-Gruppen hinsichtlich ihrer Lage und Intensität unübersichtlich, und eine sichere Zuordnung ist mit den bisher vorliegenden Ergebnissen nicht möglich.

Es ist anzunehmen, daß im UR-Spektrum der Cellulose die Banden zwischen 1500 und 1150 cm^{-1} auf komplexen Schwingungen aller CH-, CH_2- und OH-Gruppen beruhen, wozu in den deuterierten Proben noch CD-, CD_2- und OD-Schwingungen kommen. Die in Tabelle 3 angegebenen Zuordnungen stellen nur eine Näherung dar, die angibt, welche Gruppen an einem Schwingungszustand wesentlich beteiligt sind.

Eine exaktere Zuordnung ist für die sehr starken Banden bei 1110 und 1060 cm^{-1} möglich. Beide Banden sind paralleldichroitisch und werden bei Deuterierung der OH- und CH-Gruppen nicht merklich beeinflußt. In Cellulose II liegen die Banden bei einer etwa 10 cm^{-1} höheren Frequenz. An gleicher Stelle wird in Cellulose I eine schwache diffuse Schulterbande gefunden, die im Spektrum von Baumwolle deutlicher zu erkennen ist als bei Bakteriencellulose und zu den amorphen Anteilen gehört. Eine leichte Abnahme der Intensität bei 1120 cm^{-1} in der vollständig OD-deuterierten Cellulose II führen wir auf die Schwächung der Untergrundabsorption zurück, da die Bande zugleich schärfer wird. *Liang* und *Marchessault* untersuchten die Gerüstschwingungen des Glucoserings und ordneten die Bande bei 1110 cm^{-1} der antisymmetrischen Ringstreckung in Phase zu [4]. Für die starke Absorption ist im wesentlichen die antisymmetrische Valenzschwingung der C^1OC^5-Gruppe des Glucoserings verantwortlich. Die Beteiligung des Ringsauerstoffs an Wasserstoffbrückenbindungen erklärt die beobachtete geringe Abhängigkeit der Bande von der übermolekularen Struktur. Wir sehen keinen Anlaß, wie *Higgins* u. a. [5, 24] bei 1120 cm^{-1} eine zusätzliche „Assoziationsbande" anzunehmen.

Die Bande 1060 cm^{-1} ordnen wir der antisymmetrischen Valenzschwingung der Glucosidbrücke C^1OC^4 zu. Da sich die beiden Banden 1110 und 1060 cm^{-1} hinsichtlich ihres Deuterierungsverhaltens und des Dichroismus nicht unterscheiden, kann die umgekehrte Zuordnung nicht ausgeschlossen werden.

In den Proben C wird bei 1210 cm^{-1} (Cellulose I) bzw. 1200 cm^{-1} (Cellulose II) eine π-dichroitische Bande gefunden, die bei Deuterierung der Hydroxylgruppen schärfer wird. Schwache Banden, die sich ähnlich verhalten, sind auch in den Proben B und D vorhanden. Wir ordnen sie, ebenso wie eine schwache Bande bei 1145 cm^{-1}, CD-Deformationsschwingungen zu. Die nur in den aus Glycerin-D_8 synthetisierten Proben C und D auftretenden Banden bei 1075 und 985 cm^{-1} können Deformationsschwingungen der C^1D-Gruppe zugeordnet werden. *Barker* u. a. [25] fanden im UR-Spektrum von spezifisch am C^1-Atom deuterierter Glucose entsprechende Banden bei 1072, 972 und 965 cm^{-1}.

Von den zwischen 1050 und 970 cm^{-1} gelegenen Banden werden die stärkeren bei Hydroxyldeuterierung nicht verändert. Sie wurden den C—OH-Valenzschwingungen zugeordnet [4], sind aber nach unseren Messungen von der Deuterierung der CH-Gruppen abhängig, so daß wir kompliziertere Schwingungsformen annehmen müssen. Die Banden 1035 und 1015 cm^{-1} wurden sowohl in Probe A als auch in Probe C gefunden. Wir können daraus jedoch nicht schließen, daß sie in beiden Proben zu identischen Schwingungen gehören, da sonst ihr Fehlen in den Spektren B und D nicht zu erklären ist.

Die Bande bei 898 cm^{-1} ist auf unterschiedliche Weise interpretiert worden. *Liang* und *Marchessault* [4] ordneten sie einer Ringschwingung zu, während *Higgins* u. a. [5] und *Spedding* [24] diese Bande als eine Schwingung des Kohlenstoffatoms C^1 und der vier daran gebundenen Atome erklären, was gut mit der Feststellung übereinstimmt, daß die Bande charakteristisch für die β-Glucosidverknüpfung ist. In α-glucosidischen Strukturen wird eine entsprechende Bande bei 850 cm^{-1} gefunden [18, 26, 27]. In Cellulose II und amorpher Cellulose ist die Absorption bei 900 cm^{-1} wesentlich stärker als in nativer Cellulose. *Nelson* und *O'Connor* [28] führen die Abhängigkeit der Intensität von der Konformation auf die Rotation um die Glucosidbindung C^1OC^4 zurück. Bei Deuterierung der Hydroxylgruppen wird die Bande in Cellulose II stark geschwächt, doch bleibt auch nach vollständigem Austausch der OH-Gruppen noch eine schwache Bande zurück. *Nikitin* und *Levdik* [29] folgerten aus Messungen an verschiedenen Celluloseproben und Modellverbindungen, daß die Absorption bei 900 cm^{-1} auf zwei verschiedene Schwingungen zurückzuführen ist, von denen eine mit der glucosidischen Verknüpfung zusammenhängt. Wir ordnen diese Schwingung der in Cellulose I auftretenden schwachen Bande und dem nichtdeuterierbaren Anteil in Cellulose II zu. Die symmetrische Valenzschwingung $\nu_s(C^1OC^4)$ ist als schwache Bande mit Senkrechtdichroismus zu erwarten. Der experimentell gefundene Paralleldichroismus und die Abhängigkeit der Frequenz von der CD-Deuterierung sprechen für eine Kopplung mit einer C^1H-Deformationsschwingung. Durch die Deuterierung zur C^1D-Gruppe wird in den Proben C und D die Kopplung $\nu_s(COC) + \delta(CH)$ aufgehoben, und es erscheint bei etwas höherer Frequenz die $\nu_s(COC)$-Bande mit dem erwarteten σ-Dichroismus.

Die gegen Hydroxyldeuterierung empfindliche Absorption in Cellulose II fehlt in den Proben B und C. In Probe D liegt sie bei 910 cm^{-1} und ist von einem nichtdeuterierbaren Anteil überlagert. Im Spektrum der in einer Vibrationskugelmühle dekristallisierten Bakteriencellulose fanden wir ebenfalls eine mittelstarke Bande bei 900 bzw. 910 cm^{-1} in den Proben A und D, während in den Proben B und C keine zusätzliche Absorption in diesem Bereich auftrat. Wir ordnen deshalb die strukturempfindliche Bande bei 900 cm^{-1} einer Schwingung der Gruppe

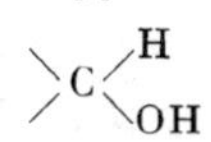

am zweiten und dritten Kohlenstoffatom im Glucosering zu.

Schwache bis mittelstarke Banden zwischen 770 und 880 cm^{-1}, die nur bei Deuterierung auftreten, führen wir auf Deformationsschwingungen der OD-, CD- und CD_2-Gruppen zurück, ohne eine nähere Erklärung geben zu können. Eine der schwachen Banden bei 745 und 715 cm^{-1} kann der CH_2-Rockingschwingung zugeordnet werden. Da bei 715 cm^{-1} auch in Cellulose II eine schwache Bande gefunden wird, die nach vollständiger Deuterierung der Hydroxylgruppen bestehen bleibt, wurde sie von uns der CH_2-Gruppe zugeordnet, obwohl, wie im nächsten Abschnitt zu zeigen ist, CH- und CH_2-Rockingschwingungen auch zur Absorption bei noch kleineren Frequenzen beitragen. Die Bande bei 745 cm^{-1} tritt in allen Cellulose-I-Proben auf, unabhängig davon, wieviel OD-Gruppen in das Kristallgitter eingebaut sind. Wir ordnen sie daher versuchsweise der Ringatmungsschwingung zu, die als schwache Bande in dieser Gegend zu erwarten ist.

3.4. Das Spektrum im Bereich von 700 bis 400 cm^{-1}

In Bild 3 ist der mit einem KBr-Prisma erfaßbare Spektralbereich der deuterierten Bakteriencellulose sowie von zwei Proben mit Cellulose-II-Struktur abgebildet. Die genaue Lage der Banden, ihre relative Intensität und das dichroitische Verhalten sind in Tabelle 4 angegeben. Die für die Diskussion der Spektren wichtigen Eigenschaften können wie folgt summarisch zusammengefaßt werden:

a) Die Spektren der Bakteriencellulose ändern sich sehr stark bei Deuterierung von CH- und CH_2-Gruppen. Es treten keine Banden auf, die in allen vier oder auch nur in zwei Proben hinsichtlich Frequenz, Intensität und Polarisation vergleichbar sind.

b) Die Hydroxyldeuterierung der zugänglichen Bereiche von Bakteriencellulose hat nur geringen Einfluß auf die Spektren. Auch der vollständige Austausch der Hydroxylgruppen in Cellulose II wirkt sich nur bei einigen Banden aus, ohne das Gesamtspektrum wesentlich zu verändern. Dagegen nimmt die Untergrundabsorption beim Deuterieren ab.

c) Die Spektren der Cellulose II enthalten weniger Banden. Die Banden sind schwächer und breiter, es

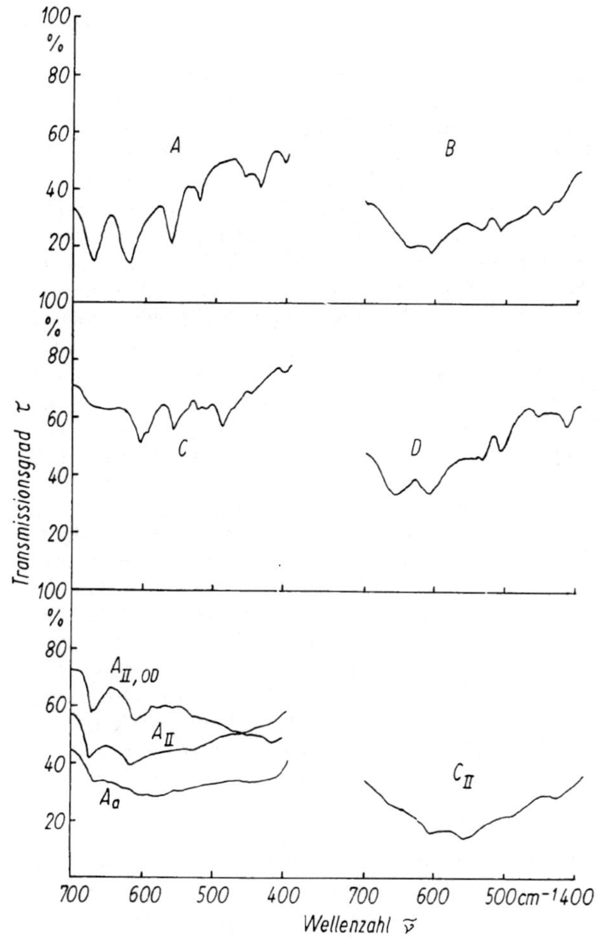

Bild 3. Ultrarotspektren von deuterierter Cellulose im Bereich von 700 bis 400 cm^{-1}

Bezeichnung der Proben wie in Bild 2. A_{II} und C_{II} sind Proben mit Cellulose II-Struktur. A_a ist eine in der Vibrationskugelmühle amorphisierte Probe. $A_{II,OD}$ ist die vollständig hydroxyldeuterierte Probe A_{II}

besteht jedoch eine geringe Ähnlichkeit mit den Spektren von Cellulose I. Wird die Kristallstruktur durch Mahlen zerstört, so verschwinden alle Banden.

Tabelle 4. Absorptionsbanden im Ultrarotspektrum von CD-deuterierter Cellulose zwischen 700 und 400 cm^{-1}

Cellulose I				Cellulose II			
A H_2O, Glyc. H_8	B D_2O, Glyc. H_8	C D_2O, Glyc. D_8	D H_2O, Glyc. D_8	A_{II}	B_{II}	C_{II}	D_{II}
667 *s*, σ, D^0	635 *m*, σσ,	675 *w*, π	650 *s*, σ, D^0	670 *s*, D^0	635 *w*, *d*, D^0	650 *vw*, *d*, D^0	650 *m*, D^0
630 *vw*, π, D^0	604 *m*, σ	650 *w*, *d*, D^-	603 *s*, π	615 *m*, *d*, D^0		605 *m*, D^0	
620 *s*, π, D^0		605 *s*, σ, D^0					
560 *s*, σ, D^0	533 *m*, σ, D^-	593 *m*, σ	540 *w*, σ, D^+	570···580 *m*, *d*, D^-	570···580 *m*, *d*, D^0	555 *m*, D^0	570···580 *m*, *d*, D^0
521 *m*, ππ, D^0	506 *m*, σσ	555 *m*, π, π	530 *w*, *d*, σ	520 *w*, D^0	510 *vw*, *d*		510 *w*, D^0
		540 *w*, D^+	503 *m*, π				
		508 *w*, σ					
		518 *w*, σ					
457 *m*, π, D^0	475 *vw*, *d*	487 *m*, σσ, D^0	450 *w*, ππ, D^0	460 *vw*, D^-	450 *w*, D^-	485 *w*, D^0	435 *w*, D^-
435 *m*, π, D^0	447 *m*, ππ	475 *vw*, *Sch*	435 *w*, σ	415 *vw*, D^0		426 *w*, *d*, D^0	410 *vw*, D^0
	420 *w*, ππ	443 *w*, ππ	410 *m*, ππ, D^0				
398 *w*, σσ, D^0		398 *w*, π					

s = stark, *m* = mittel, *w* = schwach, *vw* = sehr schwach, *d* = diffus, breit, *Sch* = Schulterbande, ππ, σσ = sehr starker Dichroismus

Die σ-dichroitische Bande bei 670 cm^{-1} ist in der Literatur als γ_w(OH)-Schwingung senkrecht zur COH-Ebene interpretiert worden [2, 4, 27]. Diese Zuordnung ist mit den Ergebnissen unserer Untersuchungen nicht vereinbar, da diese Bande in den Proben B, C und D nicht auftritt und bei der Deuterierung aller Hydroxylgruppen in der Probe A_{II} nicht schwächer wird.

Die anderen Banden in diesem Bereich wurden als Skelettschwingungen der —C—C-Gruppen [23] oder als Ringfrequenzen des Pyranringes bezeichnet [12, 27]. Wie unsere Ergebnisse zeigen, sind diese Schwingungen sehr stark mit CH- und CH_2-Rockingschwingungen gekoppelt. Nach Deuterierung dieser Gruppen treten andere Kopplungsfrequenzen mit CD- und CD_2-Schwingungen auf. Für eine genauere Beschreibung der Schwingungszustände, die wegen der Strukturabhängigkeit der Spektren auch die Wechselwirkung zwischen den vier Glucoseringen in der Elementarzelle berücksichtigen müßte, sind die Ergebnisse zu wenig übersichtlich. Bemerkenswert erscheint uns vor allem die Feststellung, daß an den im Cellulosespektrum zwischen 700 und 400 cm^{-1} auftretenden scharfen Banden auch Schwingungen der Wasserstoffatome wesentlich beteiligt sind, da allein durch das Hinzutreten von CD- und CD_2-Schwingungen die Veränderungen des Spektrums nicht erklärt werden können. Die Hydroxylgruppen haben an den Absorptionsbanden nur geringen Anteil. Sie geben Anlaß zu einer breiten Untergrundabsorption mit einem Maximum bei 570 bis 580 cm^{-1}.

4. *Zusammenfassende Diskussion*

In dieser Arbeit wird der Versuch unternommen, die in der Literatur angegebenen, sich zum Teil widersprechenden Zuordnungen der im UR-Spektrum von Cellulose auftretenden Banden durch eine verbesserte Interpretation zu ersetzen. Voraussetzung für eine erweiterte Diskussion des Cellulosespektrums war die Untersuchung von am Kohlenstoff deuterierter Bakteriencellulose. Die Verteilung des Deuteriums in spezifisch CD-deuterierten Proben ergab sich aus dem Syntheseweg und der Struktur der CH- und CD-Valenzschwingungen. Zum Vergleich wurden durch Mercerisierung in NaOH und NaOD erhaltene Cellulose-II-Proben in die Untersuchung einbezogen.

Bei der Zuordnung im mittleren Ultrarotbereich wurden zunächst die im Glucosering als Monomereinheit des Cellulosemoleküls und die in der Glucosidbrücke möglichen Schwingungen betrachtet. Aus dem Verhalten der Absorptionsbanden gegenüber der CD- und OD-Deuterierung folgt, daß die meisten Banden auf komplexen gekoppelten Schwingungen der CH-CH_2- und COH-Gruppen beruhen, wozu in den deuterierten Proben noch CD-, CD_2- und COD-Schwingungen kommen. Eine eindeutige Zuordnung zu in begrenzten Gruppen liegenden Schwingungen ist nur für wenige Banden möglich. In anderen Fällen konnte gezeigt werden, welche Gruppen an einer Schwingungsfrequenz wesentlich beteiligt sind.

Wegen der starken Kopplung kann die Richtung der Dipolmomentänderung nur schwer vorhergesagt werden. Daher wurde bei der Zuordnung dem Deuterierungsverhalten größeres Gewicht beigemessen als dem Dichroismus, der aber auch zur Beurteilung mit herangezogen wurde.

Fast alle Banden sind von der übermolekularen Struktur abhängig und erscheinen in Cellulose II an anderer Stelle und mit anderer Intensität als in Cellulose I. Weitere Kristallmodifikationen wurden in diese Untersuchung, die vornehmlich der Interpretation des Cellulose-I-Spektrums dienen sollte, nicht einbezogen. Wir führen die Unterschiede auf die mit der Strukturumwandlung verbundene Änderung des Wasserstoffbrückensystems und auf die Rotationsisomerie der CH_2OH-Gruppe zurück. Zur Erklärung einiger Banden war es darüber hinaus notwendig, die Kopplung zwischen den vier in der Elementarzelle vorhandenen Glucoseresten zu berücksichtigen.

Im langwelligen Ultrarotbereich zwischen 700 und 400 cm^{-1} war keine über den Nachweis der vorhandenen starken Kopplung zwischen Skelett- und CH-Rockingschwingungen hinausgehende Zuordnung der Banden möglich, da sowohl die übermolekulare Struktur als auch die CD-Deuterierung Veränderungen aller Banden in diesem Bereich bewirken.

Literatur

[1] *Forziati, F. H.*, und *Rowen, J. W.*: Effect of changes in crystalline structure on the infrared absorption spectrum of cellulose. J. Res. Bur. Standards **46** (1951) S. 38—42.

[2] *Tsuboi, M.*: Infrared spectrum and crystal structure of cellulose. J. Polymer Sci. **25** (1957) S. 159—171.

[3] *Liang, C. Y.*, und *Marchessault, R. H.*: Infrared spectra of crystalline polysaccharides. I. Hydrogen bonds in native celluloses. J. Polymer Sci. **37** (1959) S. 385—395.

[4] *Liang, C. Y.*, und *Marchessault, R. H.*: Infrared spectra of crystalline polysaccharides. II. Native celluloses in the region from 640 cm^{-1} to 1700 cm^{-1}. J. Polymer Sci. **39** (1959) S. 269—278.

[5] *Higgins, H. G.*, *Stewart, C. M.*, und *Harrington, K. J.*: Infrared spectra of cellulose and related polysaccharides. J. Polymer Sci. **51** (1961) S. 59—84.

[6] *Marrinan, H. J.*, und *Mann, J.*: A study by infrared spectroscopy of hydrogen bonding in cellulose. J. appl. Chemistry **4** (1954) S. 204—211.

[7] *Marrinan, H. J.*, und *Mann, J.*: Infrared spectra of the crystalline modifications of cellulose. J. Polymer Sci. **21** (1956) S. 301—311.

[8] *Mann, J.*, und *Marrinan, H. J.*: Crystalline modifications of cellulose. Part II. A study with plane-polarized infrared radiation. J. Polymer Sci. **32** (1958) S. 357—370.

[9] *Jones, D. W.*: Crystalline modifications of cellulose. Part III. The derivation and preliminary study of possible crystal structures. J. Polymer Sci. **32** (1958) S. 371—394.

[10] *Ellefsen, Ø.*, und *Kringstad, K.*: Offene Probleme bei der Struktur der Cellulose. Faserforsch. u. Textiltechnik **15** (1964) S. 582—586.

[11] *Liang, C. Y.*, und *Marchessault, R. H.*: Hydrogen bonds in native celluloses. J. Polymer Sci. **35** (1959) S. 529 bis 531.

[12] *Marchessault, R. H.*: Application of infrared spectroscopy to cellulose and wood polysaccharides. Pure appl. Chemistry **5** (1962) S. 107—129.

[13] *Correns, E.*, und *Dechant, J.*: Über die Herstellung von CD- und OD-deuterierter Bakteriencellulose für ultrarotspektroskopische Untersuchungen. Faserforsch. u. Textiltechnik **19** (1968) 9, S. 393—397.

[14] *Hummel, D. O.*: Zur infrarot-spektroskopischen Identifizierung von Fasern und Geweben. Melliand Textilchemie (1965) S. 108—121 und S. 139—145.

[15] *Brügel, W.*: Einführung in die Ultrarotspektroskopie. Darmstadt: Steinkopff 1962.

[16] *Zbinden, R.*: Infrared spectroscopy of high polymers. New York und London: Academic Press 1964.

[17] *Stepanov, B. I., Žbankov, R. G.*, und *Marupov, R.:* Zur Frage der Struktur von Hydratcellulose. Vysokomol. Soed. (Hochmol. Verbind.) **3** (1961) S. 1633—1640.

[18] *Bellamy, L. J.:* Ultrarot-Spektrum und chemische Konstitution. Darmstadt: Steinkopff 1955.

[19] *Saksena, B. D., Agarwal, K. C.*, und *Jauhri, G. S.:* Infrared spectrum of cellulose I in relation to its structure. J. Polymer Sci. **62** (1962) S. 347—357.

[20] *Liang, C. Y.:* Infrared spectra of polymers: Deuteration and polarization. In: Newer Methods of Polymer Characterization. Ed. *B. Ke.* New York: Interscience Publ. 1964.

[21] *Dechant, J.:* Ultrarotspektroskopische Zugänglichkeitsmessungen an Cellulose. Faserforsch. u. Textiltechnik **18** (1967) S. 239—244.

[22] *Krimm, S.*, Infrared spectra of high polymers. Advances Polymer Sci. **2** (1960) S. 51—172.

[23] *Schneider, B.*, und *Vodnanský, J.:* A study on the relation between the infrared spectra and the crystalline structure of cellulose. Coll. czechoslov. chem. Commun. **28** (1963) S. 2080—2088.

[24] *Spedding, H.:* Infrared spectra and carbohydrate chemistry. Advances Carbohydrate Chem. **19** (1964) S. 23—49.

[25] *Barker, S. A., Moore, R. H., Stacey, M.*, und *Whiffen, D. H.:* Infrared spectra of deuterium-labelled carbohydrates. Nature, London **186** (1960) S. 307—308.

[26] *Jayme, G.*, und *Pek Ka Tio:* Vergleichende infrarotspectroskopische Untersuchung von Cellulose und nativen Stärken. Papier **21** (1967) S. 883—886.

[27] *Casu, B.*, und *Reggiani, M.:* Infrared spectra of amylose and its oligomers. J. Polymer Sci., C: Polymer Symposia **7** (1964) S. 171—185.

[28] *Nelson, M. L.*, und *O'Connor, R. T.:* Relation of certain infrared bands to cellulose crystallinity and crystal lattice type. Part I. J. appl. Polymer Sci. **8** (1964) S. 1311—1324.

[29] *Nikitin, V. N.*, und *Levdik, I. Ju.*, Über die Absorption der Cellulose im Bereich 900 cm⁻¹. Ž. prikl. Chimii (Z. angew. Chemie) **38** (1965) S. 2366—2368.

Eingegangen am 27. Juni 1968

Elektronenmikroskopische Untersuchungen an Oberflächen von Celluloseregeneratfäden

Teil IV. Wirkung von Viskosemodifikatoren auf die Deckschichtbildung – elektronenmikroskopischer Nachweis[1])

Klaus Peter Rose, Reinhard Maron und Anneliese Gröbe

Deutsche Akademie der Wissenschaften zu Berlin, Institut für Faserstoff-Forschung in Teltow-Seehof

DK 677.463:677.46.021.525/.526
677.46.061.39:537.533.35.08

Mittels der Methode des Feuchtabdrucks wurde an Oberflächen ungetrockneter Celluloseregeneratfäden der Einfluß von Viskosemodifikatoren auf die Deckschichtbildung untersucht. Die Modifikatoren „Oxidwachs AN", „Berol L 603" und das Modifikatorgemisch „Polyglykol 1500"/„Leomin AC 80" verändern die Morphologie der Zinksulfidschicht und stabilisieren diese gegenüber der Einwirkung des Spinnbades.

Изучение поверхности гидратцеллюлозных волокон методом электронной микроскопии
Часть IV. Действие модификаторов вискозы на образование покровного слоя — обнаружение этого слоя методом электронной микроскопии

Методом влажных реплик с поверхности не подвергавшихся сушке гидратцеллюлозных нитей изучено влияние модификаторов вискозы на образование покровного слоя. Модификаторы „оксидвакс АН", „бероль Л 603" и смесь „полигликоль 1500/леомин АС 80" вызывают изменение морфологии слоя из сульфида цинка и защищают его от воздействия прядильной ванны.

Electron Microscopic Investigation of Rayon Fibre Surfaces
Part IV. Effect of Viscose Modifiers on the Covering Layer Formation — Electron Microscopic Examination

The effect of viscose modifiers on the covering layer formation has been investigated by wet replication of undried rayon filaments. The modifiers "Oxidwachs AN", "Berol L 603" and the modifier mixture of "Polyglykol 1500" and "Leomin AC 80" changed the structure of the zinc sulfide layer formed and proved to stabilize it against destructive action of the coagulation bath.

Nachdem wir elektronenmikroskopisch nachgewiesen hatten, daß sich beim Spinnen von Viskose auf der Fadenoberfläche vorübergehend eine Deckschicht aus Zinksulfid bildet [1, 2], soll in der vorliegenden Mitteilung mit Hilfe des Elektronenmikroskops an ungetrockneten Fäden untersucht werden, ob Viskosemodifikatoren die Morphologie und Beständigkeit der Deckschicht beeinflussen. Bei einer Überprüfung der Wirksamkeit verschiedener Modifikatoren mit analytischen und lichtmikroskopischen Methoden [3] hatten sich bereits Anhaltspunkte für einen solchen Einfluß ergeben, indem der Modifikatorzusatz zur Viskose z. B. eine Erhöhung des Sulfidgehalts der Fäden bewirkte.

Zunächst wollten wir feststellen, wie sich der Zusatz von „Oxidwachs AN" in dieser Hinsicht auswirkt. Die Bilder 1d bis f zeigen die Oberfläche glycerinfeuchter Fäden aus der mit „Oxidwachs AN" modifizierten Viskose nach Badstrecken von 80, 120 und 250 mm. Um einen Vergleich zu erleichtern, sind auf der linken Seite (Bilder 1a bis c) noch einmal die Aufnahmen der Fäden aus unmodifizierter Viskose für die gleichen Badstrecken gegenübergestellt, so daß nebeneinander angeordnete Aufnahmen hinsichtlich der Verweilzeit der Fäden im Spinnbad vergleichbar sind.

Auf dem Bild 1d ist für den Düsenabstand 80 mm, verglichen mit der unmodifizierten Viskose, eine prinzipiell ähnliche Morphologie der Deckschicht zu beobachten: die Oberfläche ist wieder von einer dichten Zinksulfidschicht bedeckt. Auffällig ist das Fehlen der kugeligen Ausbeulungen der Kutikula; es liefert einen Hinweis dafür, daß der Zusatz von „Oxidwachs AN" die Vorgänge bei der Deckschichtbildung beeinflußt hat. Das Fehlen der großen Hohlkugeln an der Fadenoberfläche steht mit der Beobachtung im Einklang, daß sich beim Spinnen dieser Viskose

[1]) Teil III s. [3].

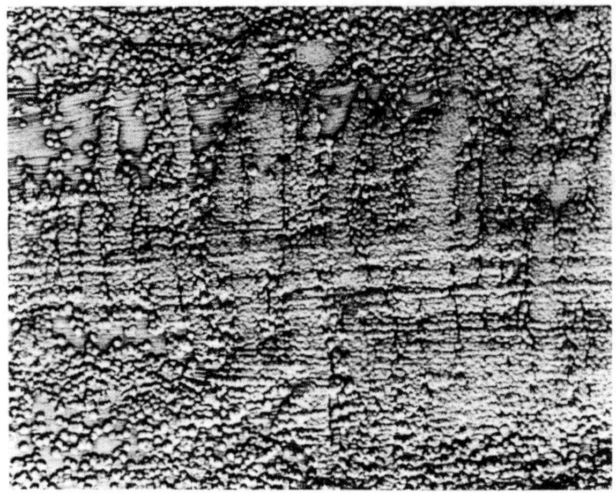

a) Düsenabstand 80 mm d)

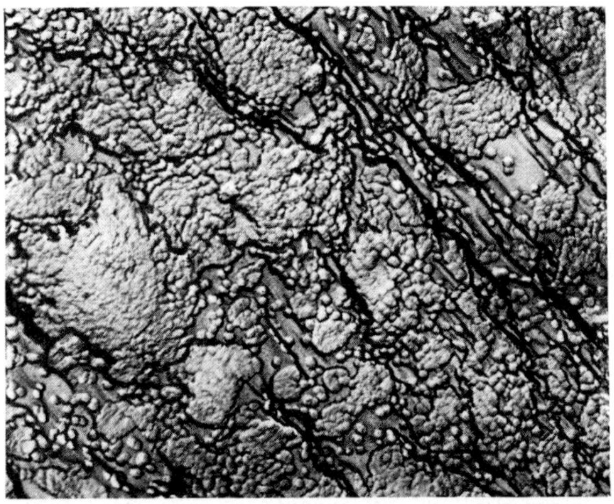
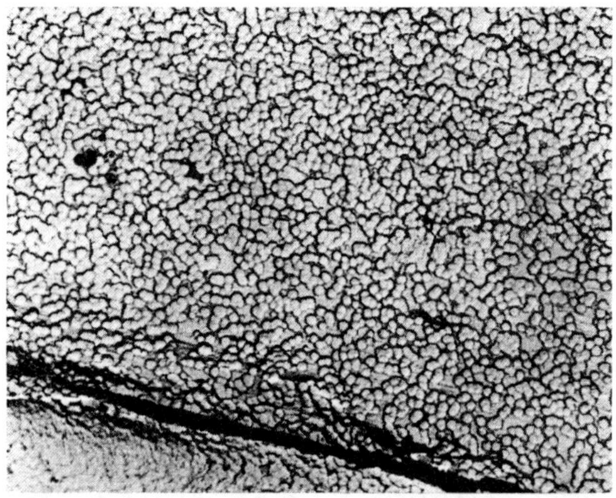

b) Düsenabstand 120 mm e)

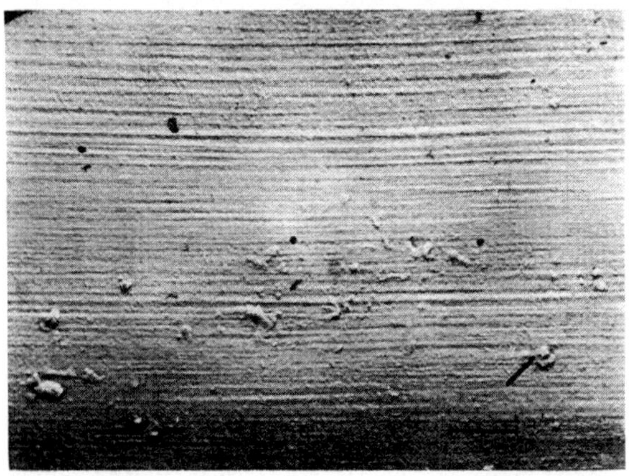
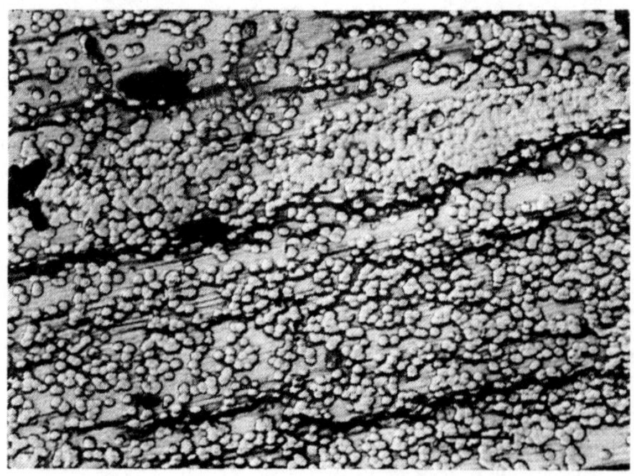

c) Düsenabstand 250 mm f)

Bild 1. Oberflächenabdrücke glycerinfeuchter Fäden nach verschiedenen Badstrecken. Spinnen unmodifizierter (linke Bildreihe) und mit „Oxidwachs AN" modifizierter Viskose (rechte Bildreihe)

im Gegensatz zur unmodifizierten Viskose visuell keine Gasausbrüche aus dem Faden feststellen ließen. Nach einer Badstrecke von 120 mm ist eine unverändert dicht bedeckte Fadenoberfläche zu erkennen; Anzeichen für einen Abbau der Deckschicht durch das Spinnbad sind nicht zu finden. Der deutlichste Unterschied im Vergleich zur linken Bildreihe tritt jedoch beim Düsenabstand 250 mm auf. Erst jetzt beginnt ein Abbau der Deckschicht sichtbar zu werden, während die Fadenoberfläche zum gleichen Zeitpunkt beim

g)

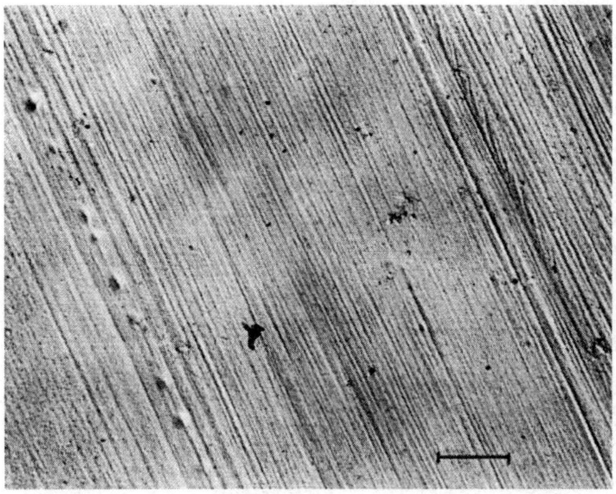

h)

Bild 1. (Forts.) Oberflächenabdrücke glycerinfeuchter Fäden nach Badstrecken von 500 mm (g) und 1000 mm (h) beim Spinnen einer mit „Oxidwachs AN" modifizierten Viskose

Spinnen der unmodifizierten Viskose im wesentlichen bereits frei von Zinksulfid war. Der Grad des Deckschichtabbaus nach 250 mm Badstrecke ist etwa dem nach 120 mm beim Spinnen der unmodifizierten Viskose gleichzusetzen.

Der Zusatz des Modifikators „Oxidwachs AN" zur Viskose hat also eine etwas veränderte Morphologie der sich bildenden Deckschicht zur Folge und bewirkt eine Stabilisierung des auf der Fadenoberfläche befindlichen Zinksulfids gegenüber der Einwirkung des Spinnbades.

Die Bilder 1g und h zeigen die Fadenoberfläche nach Badstrecken von 500 und 1000 mm. Beim Düsenabstand 500 mm ist die Fadenoberfläche bis auf geringe Reste von den Ablagerungen befreit, und die bekannte Rillenstruktur wird sichtbar. Vergleicht man die Fadenoberfläche bei 1000 mm Düsenabstand mit derjenigen nach der gleichen Badstrecke beim Spinnen unmodifizierter Viskose (Teil I, Bild 6f), dann fällt eine engere Anordnung der Längsstrukturen auf. Dieser Befund stimmt mit den Ergebnissen von *Maron*, *Gröbe* und *Casperson* [4] überein, die bereits an lufttrockenen Fäden beim Zusatz von Modifikatoren eine Abnahme des Abstandes zwischen den einzelnen Strukturelementen beobachteten.

Die in der vorhergehenden Mitteilung angeführten Kennwerte, wie Neutralpunkt, γ-Wert oder Querschnittsform, hatten bereits gezeigt, daß der Zusatz von „Berol L 603" zur Viskose den Spinnprozeß deutlich beeinflußt. Unter diesem Gesichtspunkt war eine elektronenmikroskopische Untersuchung der aus dieser Viskose gesponnenen Fäden von besonderem Interesse.

Die Bilder 2a und b zeigen Repliken glycerinfeuchter Fäden, nachdem das Fadenmaterial unter dem gestützten Kohle/Platin-Film mit 72%iger Schwefelsäure gelöst wurde, und geben den Zustand der Fadenoberfläche nach 600 und 875 mm Badstrecke wieder. Der Zusatz des Polyamins „Berol L 603" hat die Morphologie der Fadenoberfläche im Vergleich zu den bisher untersuchten Fadenproben wesentlich verändert. Im Gegensatz zu den Oberflächenrepliken der Fäden aus nicht oder mit „Oxidwachs AN" modifizierter Viskose läßt sich nicht eindeutig entscheiden, ob es sich jeweils um die Struktur der eigentlichen Fadenoberfläche oder wieder um eine Deckschicht mit allerdings

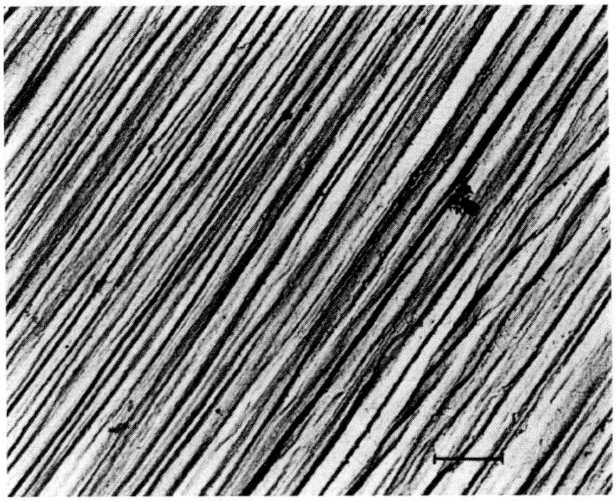

a) Bild 2. Oberflächenabdrücke glycerinfeuchter Fäden nach Badstrecken von 600 mm (a) und 875 mm (b). Spinnen einer mit „Berol L 603" modifizierten Viskose. Ablösung mit 72%iger H_2SO_4 b)

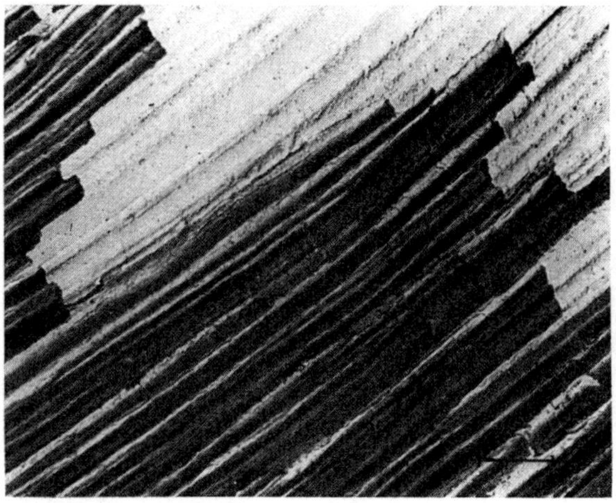

a) Düsenabstand 600 mm

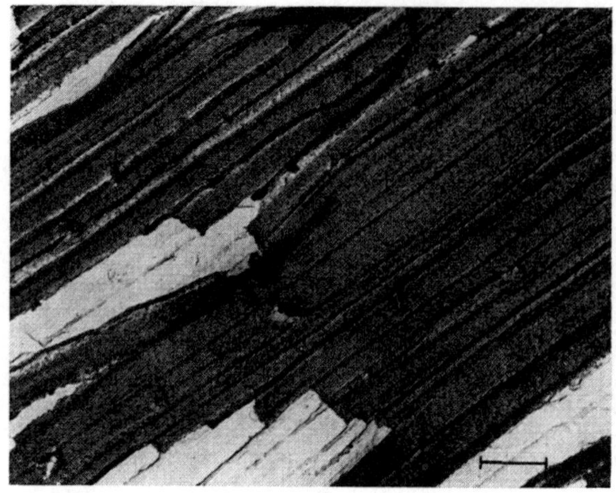

d) Düsenabstand 1000 mm

b) Düsenabstand 750 mm

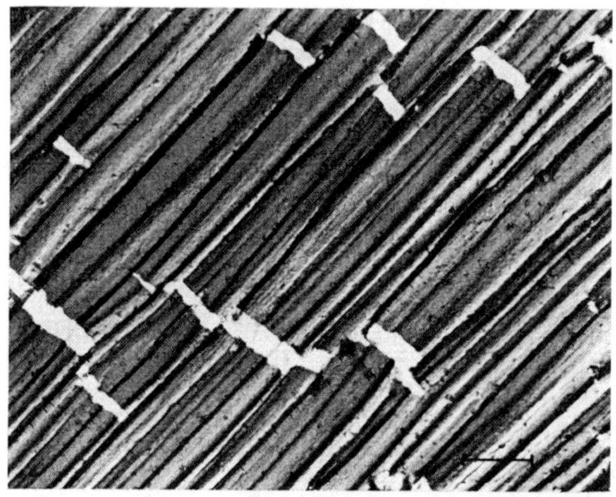

e) Düsenabstand 1200 mm

c) Düsenabstand 875 mm

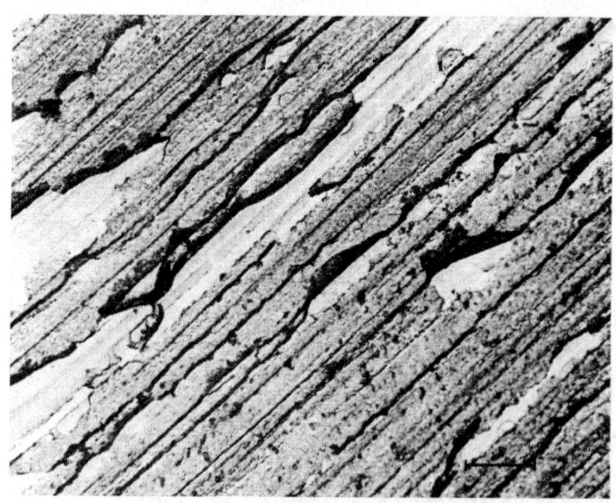

f) Düsenabstand 1400 mm

Bild 3. Oberflächenabdrücke glycerinfeuchter Fäden beim Spinnen einer mit „Berol L 603“ modifizierten Viskose. Ablösung mit EWNN

stark veränderter Morphologie handelt. Zur Klärung dieser Fragestellung erschien deshalb ein Lösen der Fäden unter dem gestützten Kohle/Platin-Film mit EWNN besonders notwendig und aufschlußreich.

Das Ergebnis der EWNN-Behandlung ist für die Badstrecken 600, 750, 875, 1000, 1200 und 1400 mm den Bildern 3a bis f zu entnehmen. Eine Probenahme bei kürzeren Düsenabständen war auf Grund der

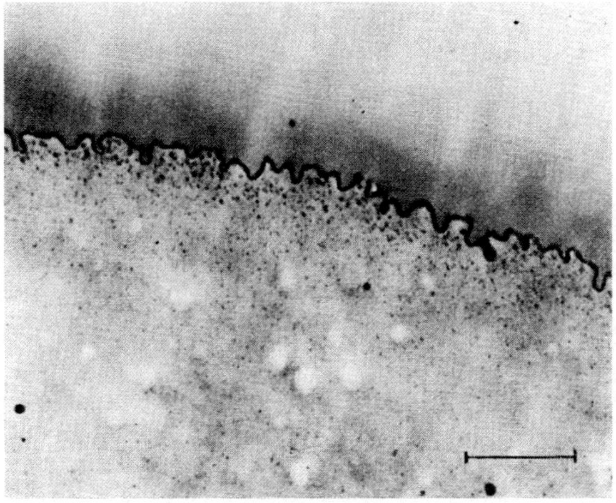

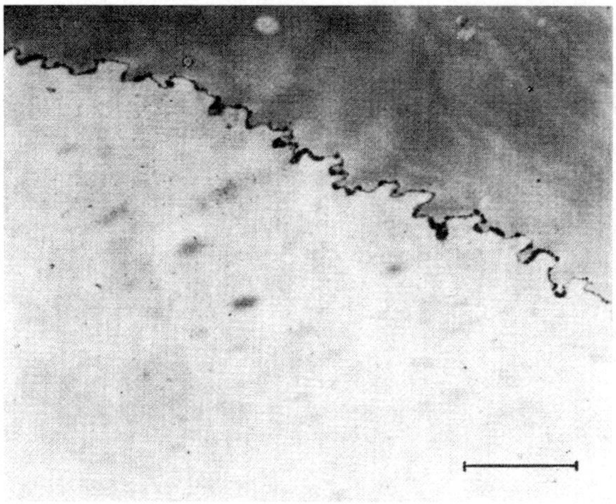

a) Bild 4. Ultradünnschnitte (Ausschnitte) von Fadenproben nach Spinnen einer mit „Berol L 603" modifizierten Viskose. Badstrecke 600 mm (a) und 875 mm (b) b)

extremen Verzögerung von Neutralisation und Xanthogenatabbau nicht möglich. Die Aufnahmen vermitteln einen anschaulichen Eindruck von der Deckschicht, die im Vergleich zu der bisher beobachteten Morphologie tatsächlich eine sehr veränderte Struktur aufweist: sie haftet nach Art einer Baumrinde an der Oberfläche der Fäden. Besonders deutlich wird das an solchen Stellen, an denen die Zinksulfidschicht im Verlauf der Präparation abgebrochen bzw. aufgeplatzt ist. Am auffälligsten ist jedoch die große Beständigkeit der Deckschicht. Zwar ist nach einer Badstrecke von 875 mm an der Körnigkeit der Deckschicht bereits eine Einwirkung des Spinnbades festzustellen, ein deutlich sichtbarer Abbau der Sulfidschicht ist aber erst beim Düsenabstand 1400 mm zu beobachten. Zu diesem Zeitpunkt ist die Deckschicht so dünn geworden, daß sie mehrfach eingerissen und umgeklappt ist und durch sie hindurch schon die Fadenoberfläche sichtbar wird.

Zur Modifikatorwirkung ist demnach folgendes festzustellen: Die Modifizierung der Viskose mit „Berol L 603" führt zu einer beträchtlichen Verzögerung der Neutralisation des Alkalis im Viskosestrahl und des Xanthogenatabbaus. Diese Verzögerungen sind mit einer vollkommen veränderten Morphologie von Deckschicht und Fadenoberfläche gekoppelt. Anstelle der aus kleinen kugelförmigen Partikeln zusammengesetzten Zinksulfidschicht hat sich eine homogene und fast strukturlose Deckschicht ausgebildet. Diese Sulfidschicht wird nur sehr langsam durch das Spinnbad zersetzt und bleibt über einen weitaus längeren Zeitraum erhalten. Bei den Fäden aus unmodifizierter und mit „Oxidwachs AN" modifizierter Viskose war der Abbau der Deckschicht nach etwa 200 bzw. 400 mm Badstrecke beendet. Bei der Modifizierung der Viskose mit „Berol L 603" ist erst bei einem Düsenabstand von 1400 mm eine merkliche Zersetzung der Zinksulfidschicht zu beobachten. Es besteht also ein Zusammenhang zwischen einer extremen Bremsung der Diffusionsvorgänge an der Grenzfläche Viskosestrahl/Spinnbad und der Ausbildung einer dichten homogenen Deckschicht mit veränderter submikroskopischer Struktur. Wie eng dieser Zusammenhang zwischen der Deckschichtmorphologie und dem Modifikatortyp ist, kann erst durch weitere systematische Untersuchungen geklärt werden, wobei der Einfluß einer Variation weiterer Spinnparameter zu berücksichtigen sein wird.

Von Ultradünnschnitten war bei den Fäden aus mit „Berol L 603" modifizierter Viskose nicht nur eine Aussage über die Verbindung zwischen Fadenoberfläche und Deckschicht zu erwarten, sondern im günstigen Fall auch eine Information zur veränderten Oberflächenstruktur der Fäden.

Die Bilder 4a und b zeigen Ausschnitte von Ultradünnschnitten zweier glycerinfeuchter Fäden, die an den Düsenabständen 600 und 875 mm aus dem Spinnbad geleitet wurden.

Die Deckschicht zeichnet auf den sonst kontrastarmen Dünnschnitten genau die Randlinie des Fadens nach und folgt dabei exakt kleinsten Einzelheiten des bewegten Reliefs. Damit wird das bei der Betrachtung der Oberflächenrepliken gewonnene Bild vollauf bestätigt; die Deckschicht umgibt den Faden rindenartig und weist eine sehr enge Verbindung mit der Fadenoberfläche auf. Aus den Aufnahmen ist weiterhin zu entnehmen, daß die bei lichtmikroskopischer Untersuchung (Teil III, Tabelle 2) glatte Randlinie des runden Fadenquerschnitts stark gefaltet ist. Die Tiefe der Einkerbungen beträgt maximal 0,5 μm. Die lebhafte Faltung des Fadenrandes kommt in den relativ breiten Längsstrukturen an der Fadenoberfläche zum Ausdruck.

Auf dem Bild 4b sind entsprechend den Oberflächenrepliken für diesen Düsenabstand deutlich die Folgen der Spinnbadeinwirkung auf die Zinksulfidschicht zu erkennen. Die anfangs geschlossene Deckschicht etwa gleicher Stärke ist zu einem großen Teil bereits zersetzt worden. An einigen tiefer liegenden eingefalteten Bereichen ist noch die ursprüngliche Schichtdicke zu finden.

Nachdem wir den Einfluß eines Modifikators vom Polyglykol- bzw. Amintyp auf die Morphologie und Stabilität der Deckschicht untersucht hatten, sollte eine Mischung dieser beiden Modifikatorkomponenten geprüft werden. Solche Modifikatorgemische haben sich bei der Supercordherstellung allgemein durchgesetzt, da sie die Festigkeits- und Dehnungswerte des ersponnenen Materials sehr günstig beeinflussen. Das von uns eingesetzte Modifikatorgemisch „Polyglykol 1500"/Leomin AC 80" entspricht einer in der Technik üblichen Variante.

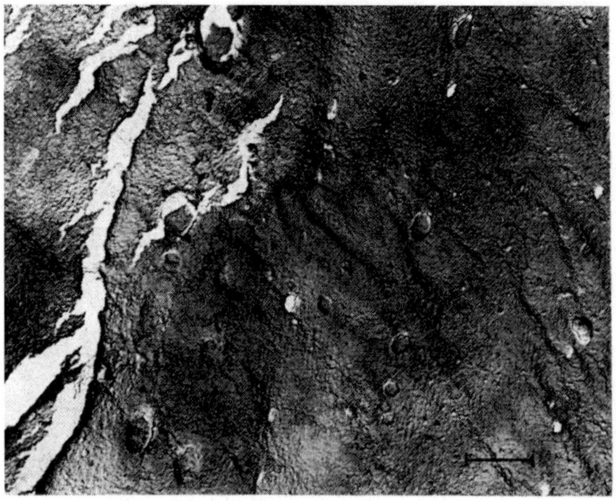

a) Düsenabstand 600 mm

c) Düsenabstand 850 mm

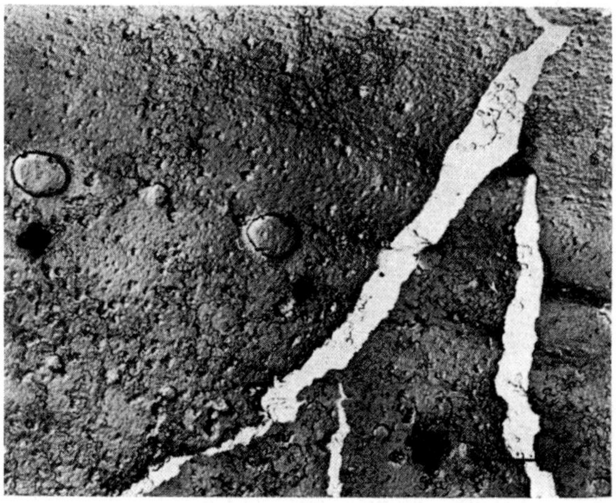

b) Düsenabstand 700 mm

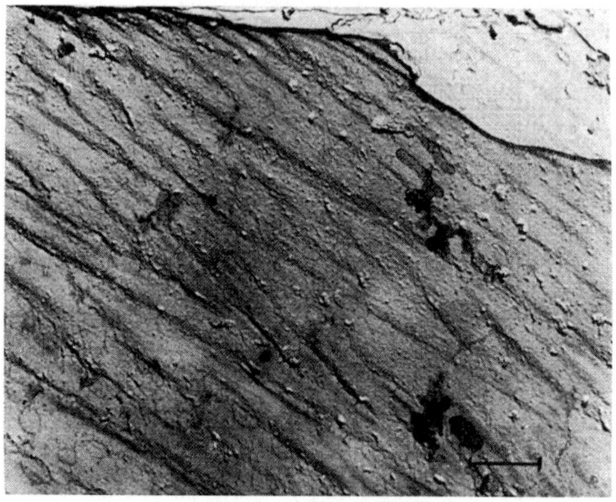

d) Düsenabstand 1200 mm

Bild 5. Oberflächenabdrücke glycerinfeuchter Fäden nach verschiedenen Badstrecken. Spinnen einer mit „Polyglykol 1500"/„Leomin AC 80" modifizierten Viskose. Ablösung mit EWNN

Die Oberflächen von glycerinfeuchten Fäden, die beim Spinnen einer so modifizierten Viskose auf der Laborspinnmaschine erhalten wurden, zeigen die Bilder 5a bis d. Die Aufnahmen entsprechen Düsenabständen von 600, 700, 850 und 1200 mm. In allen Fällen wurden die Abdruckfilme mit EWNN behandelt, was sich schon in der Versuchsreihe mit „Berol L 603" als vorteilhaft herausgestellt hatte.

Auffällig ist zunächst eine im Vergleich zu den bisher besprochenen Spinnversuchen geringe Strukturierung der Fadenoberfläche. Auch die Deckschicht zeigt ein verändertes Aussehen. Wenn man die kleinen kugelförmigen Strukturen als typisch für den Modifikator vom Polyglykoltyp ansieht und die homogene, strukturarme Form der Deckschicht beim Spinnversuch mit „Berol L 603" den Aminen zuschreibt, dann lassen sich, besonders in den Bildern 5a und b, tatsächlich beide Deckschichtformen beobachten.

Hinsichtlich ihres Gesamteindrucks und vor allem ihrer Beständigkeit gegenüber dem Spinnbad ist die Deckschicht jedoch derjenigen bei Verwendung von „Berol L 603" ähnlicher. Das entspricht auch den Ergebnissen, die bei den analytischen und lichtmikroskopischen Untersuchungen der Modifikatorwirkung erhalten wurden [3]. Bezüglich des Zusammenhangs zwischen der Deckschichtausbildung und der Verzögerung von Alkalineutralisation und Xanthogenatabbau gilt das bereits für den Modifikator „Berol L 603" Gesagte.

Literatur

[1] *Gröbe, A., Maron, R.,* und *Rose, K. P.:* Elektronenmikroskopische Untersuchungen an Oberflächen von Celluloseregeneratfäden. Teil I. Eine Methode zur Herstellung von Oberflächenrepliken ungetrockneter Fäden. Faserforsch. u. Textiltechnik **19** (1968) 6, S. 253–258.

[2] *Maron, R., Rose, K. P.,* und *Gröbe, A.:* Elektronenmikroskopische Untersuchungen an Oberflächen von Celluloseregeneratfäden. Teil II. Nachweis und Charakterisierung von Deckschichten auf den Fadenoberflächen. Faserforsch. u. Textiltechnik **19** (1968) 7, S. 319–324.

[3] *Rose, K. P., Gröbe, A.,* und *Maron, R.:* Eelktronenmikroskopische Untersuchungen an Oberflächen von Celluloseregeneratfäden. Teil III. Wirkung von Viskosemodifikatoren auf die Deckschichtbildung — analytischer und lichtmikroskopischer Nachweis. Faserforsch. u. Textiltechnik **19** (1968) 8, S. 358–362.

[4] *Maron, R., Gröbe, A.,* und *Casperson, G.:* Elektronenmikroskopische Untersuchung an Supercordfäden. Faserforsch. u. Textiltechnik **15** (1964) 5, S. 202–205.

Eingegangen am 15. Mai 1968

Faserforschung und Textiltechnik 19 (1968) Heft 11

Einfluß der Verteilung der relativen Molekülmassen auf die $[\eta]$-M-Beziehungen bei Polymeren

Peter Fritzsche

Deutsche Akademie der Wissenschaften zu Berlin, Institut für Faserstoff-Forschung in Teltow-Seehof

DK 678.7:[541.24:519.241]:536.413

Beziehungen für Korrekturfaktoren, die den Einfluß der Verteilung der rel. Molekülmassen auf die $[\eta]$-M-Beziehungen berücksichtigen, werden allgemein abgeleitet. Zuerst wird dabei die Abhängigkeit des Expansionskoeffizienten α von der rel. Molekülmasse vernachlässigt. Die Korrekturfaktoren werden für die *Schulz/Zimm*- und die *Tung*-Funktion berechnet. Berücksichtigt man bei der Ableitung der Korrekturfaktoren die Abhängigkeit des Expansionskoeffizienten von der rel. Molekülmasse, so erhält man einen komplizierten Verlauf, der an einem Beispiel dargestellt wird.

Влияние молекулярновесового распределения на зависимость $[\eta]$ от молекулярного веса полимеров

В общем виде выведены выражения для поправочных факторов, учитывающих влияние молекулярновесового распределения на зависимость $[\eta]$ от M. Зависимостью коэффициента расширения α от молеку лярного веса при этом сначала пренебрегается. Вычислены поправочные факторы для функций по Шульцу-Цимму и по Тунгу. Если при выводе учесть поправочные факторы зависимости коэффициента расширения от молекулярного веса, то получается сложная зависимость, показанная на одном примере.

Effect of the Molecular Weight Distribution on the $[\eta]$-M-Relationship of Polymers

Correction factors accounting for the effect of the molecular weight distribution on the $[\eta]$-M-relationship are derived. Neglecting the dependence of the expansion coefficient α on the molecular weight the correction factors are calculated for the *Schulz-Timm* and *Tung* equation. Consideration of this dependence in deriving the correction factors results in a complicated function that is illustrated by examples.

Einleitung

Die $[\eta]$-M-Beziehungen, die von verschiedenen Autoren für ein Polymeres bestimmt werden, weichen zum Teil stark voneinander ab. Vergleicht man die experimentellen Bedingungen, so findet man für diese Abweichungen zwei mögliche Ursachen: 1. Die Autoren verwenden verschiedene Methoden zur Bestimmung der rel. Molekülmasse. Diese üben einen qualitativ gut bekannten Einfluß auf die Beziehungen aus, indem sie verschiedene Mittelwerte der Verteilung der rel. Molekülmasse bilden. 2. Die Autoren verwenden verschieden hergestellte Polymerisate, die deshalb wahrscheinlich verschiedene Verteilungen der rel. Molekülmasse besitzen. Die verschiedenen Verteilungen üben vermutlich ebenfalls einen Einfluß aus.

Newman u. Mitarb. [1] berechneten erstmals einen Korrekturfaktor q, um diese Einflüsse auf die $[\eta]$-M-Beziehungen quantitativ zu erfassen. Sie leiteten den Korrekturfaktor für den Fall ab, daß die rel. Molekülmassen durch Lichtstreuung gemessen werden, und legten die logarithmische Normalverteilungsfunktion von *Lansing* und *Kraemer* zugrunde. Später berechneten *Kurata* und *Stockmayer* [2] einen entsprechenden Korrekturfaktor für osmometrische Messungen unter Berücksichtigung der *Schulz/Zimm*-Verteilungsfunktion.

In der vorliegenden Mitteilung werden zuerst die Korrekturfaktoren für die durch Lichtstreuung und osmometrisch gemessenen Beziehungen allgemein abgeleitet und auf die *Schulz/Zimm*- sowie die *Tung*-Verteilung als spezielle Fälle einer dreiparametrigen Exponentialverteilung angewendet. Dabei wird mit *Newman* u. Mitarb. vorausgesetzt, daß der lineare Expansionskoeffizient sich mit der rel. Molekülmasse nur unwesentlich ändert. Anschließend werden Beziehungen für den Korrekturfaktor abgeleitet, die die Abhängigkeit der rel. Molekülmassen des linearen Expansionskoeffizienten berücksichtigen. Dieser Einfluß der rel. Molekülmasse wird an einem Beispiel berechnet.

Die Verteilungsfunktion

Die Korrekturfaktoren können als Funktion der Momente einer statistischen Verteilung allgemein dargestellt werden. Das m-te Moment einer Zahlenverteilung der rel. Molekülmasse wird durch Summieren der Produkte aus der m-ten Potenz der rel. Molekülmasse M und der Anzahl N der Moleküle mit dieser rel. Molekülmasse ermittelt:

$$I_m = \sum_i M_i^m N_i .$$

Die verschiedenen Mittelwerte der rel. Molekülmassen lassen sich als Quotienten verschiedener Momente darstellen, z. B.:

$$\langle M \rangle_n = \frac{I_1}{I_0}, \quad \langle M \rangle_w = \frac{I_2}{I_1}, \quad \langle M^{3/2} \rangle_w = \frac{I_{3/2}}{I_0} \quad \text{usw.}$$

Führt man mit *Kotliar* [3] zur Darstellung der Verteilung der rel. Molekülmassen eine allgemeine exponentielle Verteilungsfunktion ein:

$$n(P) + \frac{w(P)}{P} = K P^{a-1} e^{-yP^b},$$

$$K = \frac{(a+1)\, y^{\frac{a+1}{b}}}{\Gamma\left(\frac{a+1}{b}+1\right)}, \tag{1}$$

so bestimmen sich die Momente zu:

$$I_m = K \int_0^\infty P^{a+m-1} e^{-yP^b} dP = \frac{(a+1)\, \Gamma\left(\frac{a+m}{b}+1\right)}{(a+m)\, y^{\frac{m-1}{b}}\, \Gamma\left(\frac{a+1}{b}+1\right)}. \tag{2}$$

Aus der allgemeinen exponentiellen Verteilungsfunktion ergeben sich die Verteilungsfunktionen nach

Schulz/Zimm	mit $b = 1$	$a > 0$,
Poisson	mit $b = 1$	$a \gg 1$,
Tung	mit $b = a + 1$	$a > 0$.

Ableitung der Korrekturfaktoren

Die Verteilung der rel. Molekülmassen wirkt in zweierlei Hinsicht auf die $[\eta]$-M-Beziehungen bei Polymeren. Sie beeinflußt die Bestimmungen der Grenzviskositätszahl und der rel. Molekülmasse. Die Viskositätsmessungen bestimmen ein Viskositätsmittel der rel. Molekülmasse, das in der Nähe des Massenmittels liegt. Die verschiedenen Bestimmungsmethoden der rel. Molekülmassen ergeben verschiedene Mittelwerte. Wenn man daher verschiedene Mittelwerte zu dem Viskositätsmittel in Beziehung setzt, erhält man bei konstanter Verteilung der rel. Molekülmassen verschiedene Konstanten der $[\eta]$-M-Beziehungen. Weiterhin sind die Quotienten verschiedener Mittelwerte ein Maß für die Verteilungsbreite. Wenn sich also die Breite der Verteilung der rel. Molekülmassen verändert, erhält man ebenfalls verschiedene Konstanten der $[\eta]$-M-Beziehung, auch wenn immer dieselben Mittelwerte der rel. Molekülmasse zu dem Viskositätsmittel in Beziehung gesetzt werden. In der Gleichung von *Flory* [4]

$$[\eta] = \Phi_0 \frac{(\overline{r^2})^{3/2}}{M} \tag{3}$$

mit Φ_0 = *Flory-Fox*-Universalkonstante,
M = rel. Molekülmasse,
r = Fadenendenabstand der der Irrflugstatistik gehorchenden Polymerkette

treten jedoch keine Konstanten auf, die von den Versuchsbedingungen abhängig sein können. *Newman* u. Mitarb. [1] gingen von dieser Gleichung aus und leiteten ab, daß sie das Verhältnis der Zahlenmittel verlange:

$$[\eta] = \Phi_0 \frac{\langle(\overline{r^2})^{3/2}\rangle_n}{\langle M\rangle_n}; \tag{4}$$

die mit den verschiedenen Methoden bestimmten anderen Mittelwerte müssen also auf diese Mittelwerte umgerechnet werden. Zu diesem Zweck führten sie den Korrekturfaktor q ein, der in ihrem speziellen Fall den aus der Dissymmetrie der Lichtstreuung bestimmten Fadenendenabstand der Polymerkette (Z-Mittel) und die ebenfalls durch Lichtstreuung bestimmte rel. Molekülmasse (Massenmittel) auf das Zahlenmittel korrigiert:

$$[\eta] = \frac{\Phi_0(\langle\overline{r^2}\rangle_z)^{3/2}}{q\langle M\rangle_w}. \tag{5}$$

Bei der weiteren Umformung vernachlässigen sie die Abhängigkeit des linearen Expansionskoeffizienten α von der rel. Molekülmasse und leiteten ab:

$$q = q_w \cdot q_z = \frac{I_1^{1/2} \cdot I_2^{1/2}}{I_{3/2}} \cdot \frac{I_3^{3/2} \cdot I_1^{3/2}}{I_2^3}; \tag{6}$$

q_z korrigiert hierbei das Z-Mittel auf das Massemittel und q_w die Massenmittel auf die Zahlenmittel.

Kurata und *Stockmayer* [2] gingen entsprechend vor, um die Korrektur für die Beziehung zwischen der Grenzviskositätszahl und dem Zahlenmittel der rel. Molekülmasse abzuleiten:

$$[\eta] = \Phi_0 \frac{\langle(\overline{r^2})^{3/2}\rangle_n}{\langle M\rangle_n} = \frac{\Phi_0(\langle\overline{r^2}\rangle_n)^{3/2}}{q_n\langle M\rangle_n}. \tag{7}$$

Daraus ergibt sich:

$$q_n = \frac{I_1^{3/2}}{I_{3/2}\, I_0^{1/2}}. \tag{8}$$

Setzt man die für verschiedene Verteilungsfunktionen berechneten Momente (Gleichung 2) in die Gleichungen (6) und (8) ein, so ergeben sich die folgenden Beziehungen.

Für die *Schulz/Zimm*-Verteilung erhält man:

$$q = q_w \cdot q_z = \frac{(a+1)^{1/2}\,\Gamma(a+1)}{\Gamma(a+1{,}5)} \cdot \frac{(a+2)^{3/2}}{(a+1)^{3/2}}, \tag{9}$$

$$q_n = a^{1/2} \frac{\Gamma(a+1)}{\Gamma(a+1{,}5)}; \tag{10}$$

mit $\frac{\langle M\rangle_w}{\langle M\rangle_n} = \frac{I_2 I_0}{I_1^2} = 1 + 1/a$ berechnet sich die Tabelle 1.

Für die *Tung*-Verteilung erhält man:

$$q = q_w \cdot q_z = \frac{\left[\Gamma\left(\frac{1}{b}+1\right)\right]^{1/2}}{\Gamma\left(\frac{1}{2b}+1\right)} \cdot \frac{\left[\Gamma\left(\frac{2}{b}+1\right)\right]^{3/2}}{\left[\Gamma\left(\frac{1}{b}+1\right)\right]^3}, \tag{11}$$

$$q_n = \frac{1}{\Gamma\left(\frac{1}{2b}+1\right)\left[\Gamma\left(1-\frac{1}{b}\right)\right]^{1/2}}; \tag{12}$$

mit $\frac{\langle M\rangle_w}{\langle M\rangle_n} = \Gamma(1/b+1)\,\Gamma(1-1/b)$ berechnet sich Tabelle 2.

Die Betrachtung der beiden Tabellen zeigt, daß sich die *Schulz/Zimm*- und die *Tung*-Verteilung sehr ähn-

Tabelle 1. Die Korrekturfaktoren in Abhängigkeit von der Uneinheitlichkeit bei der Schulz/Zimm-Verteilung

$\frac{\langle M\rangle_w}{\langle M\rangle_n}$	a	q_n	q_w	q_z	q
1	∞	1,000	1,000	1,000	1,000
1,25	4	0,917	1,025	1,315	1,348
2	1	0,752	1,064	1,837	1,955
5	0,25	0,493	1,103	2,415	2,664
10	0,111	0,353	1,116	2,619	2,923
∞	0	0	1,128	2,828	3,190

Tabelle 2. Die Korrekturfaktoren in Abhängigkeit von der Uneinheitlichkeit bei der Tung-Verteilung

$\frac{\langle M\rangle_w}{\langle M\rangle_n}$	b	q_n	q_w	q_z	q
1	∞	1,000	1,000	1,000	1,000
1,25	2,78	0,914	1,021	1,236	1,262
2	1,66	0,748	1,054	1,629	1,717
5	1,21	0,489	1,092	2,206	2,409
10	1,10	0,348	1,109	1,468	2,737
∞	1	0	1,128	2,828	3,190

lich verhalten. Legt man der Diskussion einen experimentellen Fehler von 5% zugrunde, so kommt man bei Methoden, die nach der Masse mitteln, nur dann ohne Korrekturfaktor aus, wenn die Fraktionen genügend enge Verteilungen haben. Die wahrscheinlichste Verteilung liegt bereits an der Fehlergrenze. Polymere mit Uneinheitlichkeiten $\langle M\rangle_w/\langle M\rangle_n \geqq 5$ können einheitlich mit einem Faktor korrigiert werden, da die Änderung des Korrekturfaktors von diesem Wert bis zum Grenzwert für eine unendlich breite Verteilung innerhalb des experimentellen Fehlers bleibt. Die Abweichungen, die durch das Z-Mittel hervorgerufen werden, sind beträchtlich und müssen in jedem Falle berücksichtigt werden. Die Abweichungen, die bei der Verwendung osmotischer Methoden auftreten, sind ebenfalls immer zu beachten. Sie werden besonders groß bei sehr uneinheitlichen Polymeren. Die Richtung und die Größe dieser Korrekturfaktoren stimmen mit den Betrachtungen über die verschiedenen Mittelwerte einer Verteilung überein (siehe z. B. [5]).

Berücksichtigung des linaeren Expansionskoeffizienten

Newman u. Mitarb. [1] gingen bei ihrer Ableitung des Korrekturfaktors q davon aus, daß man die Abhängigkeit des linearen Expansionskoeffizienten von der rel. Molekülmasse für enge Fraktionen vernachlässigen könne. Hier soll untersucht werden, in welchem Maße diese Annahme zulässig ist. Dazu werden zuerst Beziehungen für die Korrekturfaktoren unter Berücksichtigung der Abhängigkeit der rel. Molekülmasse von α abgeleitet.

Ableitung von $q_{n\alpha}$:

Geht man wieder von Gleichung (4) aus, so ist $q_{n\alpha}$ wie q_n:

$$q_{n\alpha} = \frac{(\langle \overline{r^2}\rangle_n)^{3/2}}{\langle(\overline{r^2})^{3/2}\rangle_n}. \tag{13}$$

Setzt man $\overline{r_i^2} = \alpha_i^2 \left(\frac{\overline{r_0^2}}{M}\right) M_i$ (statt $\overline{r_i^2} = \alpha^2 \left(\frac{\overline{r_0^2}}{M}\right) M_i$) ein,

wobei r_0 der ungestörte Fadenendenabstand der Polymerketten und $\overline{r_0^2}/M$ eine für jedes Polymere charakteristische Konstante ist, so wird unter Berücksichtigung, daß z. B.

$$\langle(\overline{r^2})^{3/2}\rangle_n = \frac{\Sigma\, (\overline{r_i^2})^{3/2}\, N_i}{\Sigma N_i} \quad \text{ist,} \tag{14}$$

$$q_{n\alpha} = \frac{(\Sigma \alpha_i^2 M_i N_i)^{3/2}\, \Sigma N_i}{(\Sigma N_i)^{3/2}\, \Sigma \alpha_i^3 M_i^{3/2} N_i}. \tag{15}$$

Nach *Kurata* [6] kann die halbempirische Gleichung

$$\alpha_r^3 = 1 + 2z \tag{16}$$

für die Fadenendenabstände der Makromoleküle als gültig angenommen werden. Für z gilt nach *Stockmayer* und *Fixman* [7]

$$z = (^3/_2\pi)^{3/2}\, B A^{-3}\, M^{1/2} \tag{17}$$

mit $A = (\overline{r_0^2}/M)^{1/2}$ = Kurzbereichs-Wechselwirkungsparameter,
B = Langbereichs-Wechselwirkungsparameter.

Aus den Gleichungen (16) und (17) ergibt sich

$$\alpha_r^3 = 1 + Z M^{1/2}. \tag{18}$$

Der Faktor Z ist hier eine für jedes Polymere zu bestimmende Größe und kann aus einem *Stockmayer/Fixman-Diagramm* [7] berechnet werden.

α^2 erhält man näherungsweise aus α^3 durch Entwicklung in eine Binomialreihe und Abbruch nach dem 2. Glied:

$$\alpha^2 = 1 + \frac{2}{3} Z M^{1/2}. \tag{19}$$

Die Gleichung (19) ist in Abhängigkeit von dem Wert Z nur auf genügend kleine rel. Molekülmassen anzuwenden. Setzt man die Gleichungen (18) und (19) in (15) ein, so erhält man, wenn $|2 Z I_{3/2}/3| < |I_1|$ ist.

$$q_{n\alpha} = q_n \frac{\left(1 + \frac{2}{3} Z \frac{I_{3/2}}{I_1}\right)^{3/2}}{1 + Z \frac{I_2}{I_{3/2}}}. \tag{20}$$

Für die *Schulz/Zimm*-Verteilung wird

$$q_{n\alpha} = q_n \frac{\left(1 + \frac{2 Z \Gamma(a + 1{,}5)}{3 y^{1/2} \Gamma(a + 1)}\right)^{3/2}}{1 + \frac{Z \Gamma(a + 2)}{y^{1/2} \Gamma(a + 1{,}5)}}, \tag{21}$$

und für die *Tung*-Verteilung wird

$$q_{n\alpha} = q_n \frac{\left[1 + \frac{2Z}{3\, y^{1/2b}}\, \Gamma\left(\frac{1}{2b} + 1\right)\right]^{3/2}}{1 + \frac{Z\, \Gamma\left(\frac{1}{b} + 1\right)}{y^{1/2b}\, \Gamma\left(\frac{1}{2b} + 1\right)}}. \tag{22}$$

Ableitung von $q_{w\alpha}$:

Es wird von der Gleichung

$$[\eta] = \Phi_0 \frac{\langle(\overline{r^2})^{3/2}\rangle_n}{\langle M\rangle_n} = \frac{\Phi_0\, (\langle\overline{r^2}\rangle_w)^{3/2}}{q_w \langle M\rangle_w} \tag{23}$$

ausgegangen. In einer entsprechenden Ableitung, wie bei $q_{n\alpha}$, erhält man bei Gültigkeit der Näherungsgleichung (19):

$$q_{w\alpha} = q_w \frac{\left(I_2 + \frac{2}{3} Z I_{5/2}\right)^{3/2}}{I_2^{3/2}\left(1 + Z \frac{I_2}{I_{3/2}}\right)}, \tag{24}$$

und wenn $1 > \frac{2}{3} Z \frac{I_{5/2}}{I_2}$ ist:

$$q_{w\alpha} = q_w \frac{\left(1 + \frac{2}{3} Z \frac{I_{5/2}}{I_2}\right)^{3/2}}{1 + Z \frac{I_2}{I_{3/2}}}. \tag{25}$$

Für die *Schulz/Zimm*-Verteilung wird

$$q_{w\alpha} = q_w \frac{\left(1 + \dfrac{2 Z \Gamma(a + 2{,}5)}{3 y^{1/2} \Gamma(a + 2)}\right)^{3/2}}{1 + \dfrac{Z \Gamma(a + 2)}{y^{1/2} \Gamma(a + 1{,}5)}}, \tag{26}$$

und für die *Tung*-Verteilung wird

$$q_{w\alpha} = q_w \frac{\left(1 + \dfrac{2 Z \Gamma\left(\dfrac{3}{2b} + 1\right)}{3 y^{1/2b} \Gamma\left(\dfrac{1}{b} + 1\right)}\right)^{3/2}}{1 + \dfrac{Z \Gamma\left(\dfrac{1}{b} + 1\right)}{y^{1/2b} \Gamma\left(\dfrac{1}{2b} + 1\right)}}. \tag{27}$$

Diese abgeleiteten Gleichungen erfassen in unübersichtlicher Form den Einfluß der rel. Molekülmasse auf die Korrekturfaktoren (erkenntlich am Auftreten der Größe y). Bei der Anwendung dieser Gleichungen ist neben der Näherung, die durch die Gleichung (19) eingeführt wurde und die stets zu hohe Werte für α^2 ergibt, der Gültigkeitsbereich der Gleichung (25) zu beachten. Wenn der zweite Term im Zähler größer als 1 wird, ist Gleichung (24) zu verwenden. Die Gültigkeit der Gleichung (20) ist in dieser Hinsicht nicht eingeschränkt, da $I_1 = 1$ ist.

Um ein Bild über die Beziehungen zu bekommen, wurden die Werte der Gleichungen (22) und (27) für verschiedene Uneinheitlichkeiten ausgerechnet. Für Z wurde $Z = 3{,}524 \cdot 10^{-3}$ gesetzt. Dieser Wert stammt aus Messungen am Polyacrylnitril (siehe [8]). In Bild 1 sind die mit den Gleichungen (22) und (27) berechneten Quotienten q_α/q gegen die Wurzel aus der rel. Molekülmasse aufgetragen. Die Korrekturen für den Zahlenmittelwert haben bei kleinen rel. Molekülmassen ein desto tiefer liegendes Minimum und steigen desto steiler an, je größer die Uneinheitlichkeit ist. Die Richtung der Korrektur kehrt sich bei genügend großen rel. Molekülmassen um. Eine Korrektur ist also besonders bei sehr kleinen und großen rel. Molekülmassen notwendig.

Die Korrekturen, die im Hinblick auf das Massenmittel angewandt werden müssen, liegen in diesem Falle praktisch stets über 1 und steigen mit zunehmender rel. Molekülmasse an.

Aus Bild 1 kann man also entnehmen, daß eine Ableitung der Korrekturfaktoren ohne Berücksichtigung der Abhängigkeit der rel. Molekülmassen des linearen Expansionskoeffizienten bei genügend engen Verteilungen der rel. Molekülmassen und kleinen rel. Molekülmassen berechtigt ist. Die das Zahlenmittel korrigierenden Faktoren haben, wenn das hier auftretende Minimum innerhalb des zulässigen Fehlers bleibt, einen größeren Bereich, in dem sie vernachlässigt werden können, als die das Massenmittel korrigierenden Faktoren.

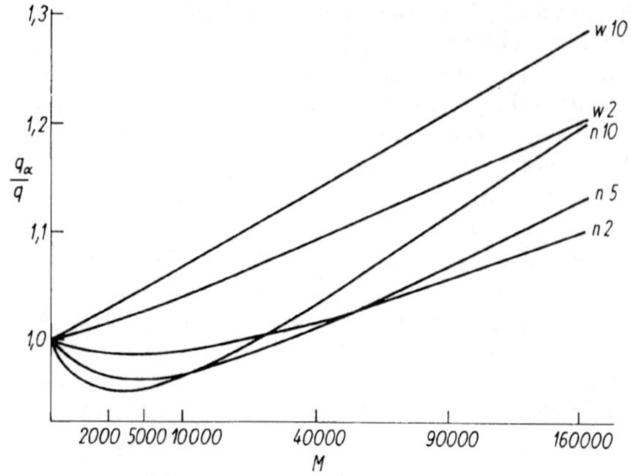

Bild 1. Korrekturfaktoren in Abhängigkeit von der rel. Molekülmasse. Kurvenbezeichnung: n — Gleichung (22); w — Gleichung (27); Ziffern — M_w/M_n; $Z = 3{,}524 \cdot 10^{-3}$

Diese Ergebnisse werden in einer späteren Veröffentlichung auf Werte des Polyacrylnitrils angewendet [8].

Herrn Dr. *V. Gröbe* danke ich für die großzügige Unterstützung dieser Arbeit und Herrn Dr. *H. Dautzenberg* für die Durchsicht des Manuskripts.

Literatur

[1] *Newman, S., Krigbaum, W. R., Laugier, C.*, und *Flory, P. J.*: Molecular dimensions in relation to intrinsic viscosities. J. Polymer Sci. **14** (1954) S. 451—462.

[2] *Kurata, M.*, und *Stockmayer, W. H.*: Intrinsic viscosities and unperturbed dimensions of long chain molecules. Fortschr. Hochpolymeren-Forsch. **3** (1961—1964) 2, S. 196—312; dort S. 233.

[3] *Kotliar, A. M.*: A critical evaluation of mathematical molecular weight distribution models proposed for real polymer distribution. I. Effects of a low molecular weight cutoff value. J. Polymer Sci. A **2** (1964) S. 4303—4325.

[4] *Flory, P. J.*: Principles of Polymer Chemistry. Ithaca, New York: Cornell Univ. Press 1953, S. 595ff.

[5] *Kobayashi, H.*: Molecular weight dependence of intrinsic viscosity, diffusion constant and second virial coefficient of polyacrylonitrile. J. Polymer Sci. **39** (1959) S. 369—388.

[6] *Kurata, M.*: Some recent aspects in polymer solution theory. Special Lecture on the International Symposium on Macromolecular Chemistry, Prague 1965, Macromolecular Chemistry-2. London: Butterworths 1966. S. 587—602.

[7] *Stockmayer, W. H.*, und *Fixman, M.*: On the estimation of unperturbed dimensions from intrinsic viscosities. J. Polymer Sci., C: Polymer Symposia **1** (1963) S. 137—141.

[8] *Fritzsche, P.*: Zum Problem der Beziehungen zwischen Grenzviskosität und rel. Molekülmasse von Polyacrylnitril. Faserforsch. u. Textiltechnik **19** (1968) 12, im Druck.

Eingegangen am 28. Mai 1968

Zur Bestimmung der relativen Molekülmasse von Hochpolymeren durch Messung von Sedimentationsgeschwindigkeit und Viskositätszahl

Karl-Joachim Linow und Burkart Philipp

Deutsche Akademie der Wissenschaften zu Berlin, Institut für Faserstoff-Forschung in Teltow-Seehof

DK 678.6/.7: 541.24: 541.18.043.5: 532.133

Auf der Grundlage kürzlich veröffentlichter Überlegungen zur theoretischen Begründung der Viskositäts/Konzentrations-Beziehung nach *Schulz/Blaschke* werden Überlegungen zur Bestimmung der rel. Molekülmasse aus Sedimentationskonstante und Viskositätszahl unter Verwendung der systemabhängigen Viskositätskonstanten k_{SB} der *Schulz/Blaschke*-Gleichung sowie zur Konzentrationsabhängigkeit der Sedimentationskonstanten mitgeteilt und anhand von Literaturdaten geprüft.

К вопросу об определении молекулярного веса высокополимеров методом измерения скорости седиментации и характеристической вязкости

Исходя из недавно опубликованных представлений о теоретическом обосновании зависимости между вязкостью и концентрацией по Шульцу-Блашке приведены представления об определении молекулярного веса с применением константы седиментации и характеристической вязкости при использовании зависящей от системы константы k_{SB} из уравнения Шульца-Блашке. Приведены также данные о зависимости константы седиментации от концентрации и проведена проверка теоретических представлений с применением литературных данных.

Determination of the Molecular Weight of Polymers by Sedimentation Velocity and Viscosity Number

Based on the recently published theoretical foundation of the viscosity-concentration relationship according to *Schulz-Blaschke*, the determination of the molecular weight by means of the sedimentation constant and the system-dependent viscosity constant k_{SB} of the *Schulz-Blaschke* equation is discussed, considering the concentration dependence of the sedimentation constant. The results obtained are compared with literature data.

Grundlage einer Bestimmung der rel. Molekülmasse M aus Messungen der Sedimentationsgeschwindigkeit ist die Gleichung (1)

$$M = \frac{s_0 \cdot F}{1 - \bar{v} \cdot \varrho}; \tag{1}$$

$s_0 = \lim_{c \to 0} s$ Sedimentationskonstante des Polymeren,
$F = N_L \cdot f$ molarer Reibungsfaktor des Polymeren,
$\bar{v}$ = partielles spezifisches Volumen des Polymeren,
ϱ = Dichte des Lösungsmittels.

Die Ermittlung des Reibungsfaktors erfolgt meist unter Zugrundelegung der Beziehung

$$D = \frac{R \cdot T}{F} \tag{2}$$

durch Bestimmung der Diffusionskonstanten D. Unter der Voraussetzung, daß die Reibungsfaktoren bei Sedimentation und Diffusion identisch sind, folgt für M

$$M = \frac{R \cdot T \cdot s_0}{D(1 - \bar{v}\varrho)}. \tag{3}$$

Abgesehen vom apparativen Aufwand zur Messung der Sedimentationsgeschwindigkeit in der Ultrazentrifuge steht einer routinemäßigen Anwendung von (3) zur sog. „absoluten Bestimmung der rel. Molekülmasse" oftmals der mit der Ermittlung von D sowie von s_0 aus einer Konzentrationsreihe erforderliche Zeitaufwand entgegen. Verschiedentlich wurde bereits versucht, den Reibungsfaktor nicht durch Messung von D, sondern über die wesentlich leichter zu bestimmende Grenzviskosität $[\eta] = \lim_{\substack{c \to 0 \\ G \to 0}} \eta_{\mathrm{spez}}/c$ zu erhalten [1 bis 5]. *Meyerhoff* [6], wie auch *Mandelkern* und *Flory* [1] gehen dabei aus von der universellen Viskositätsbeziehung

$$[\eta] = \Phi \, \frac{(\langle R \rangle^2)^{3/2}}{M}; \tag{4}$$

Φ = universelle Viskositätskonstante [7],
$(\langle R \rangle^2)^{1/2}$ = mittlerer Trägheitsradius der gelösten Polymermolekeln,

und setzen dann Trägheitsradius $(\langle R \rangle^2)$ und *Stokes*schen Kugelradius r der Polymerknäuel zueinander in Beziehung, um so den Reibungsfaktor F aus der *Stokes*schen Formel

$$F = N_L \cdot f = N_L \cdot 6 \cdot \pi \cdot \eta_0 \cdot r, \tag{5}$$

η_0 = Viskosität des Lösungsmittels,

zu erhalten. Nach *Meyerhoff* [6] ergibt sich aus (4) mit der folgenden Beziehung

$$[\eta] = 2{,}5 \cdot \frac{N_L}{M} \cdot \frac{4}{3} \cdot \pi \cdot r_{\mathrm{eff}}^3 = 6{,}304 \cdot 10^{24} \cdot \frac{r_{\mathrm{eff}}^3}{M}, \tag{6}$$

$r_{\mathrm{eff}} = r_\eta$ = Radius der dem Knäuel hydrodynamisch äquivalenten Kugel,

für den Reibungsfaktor f des einzelnen Knäuels in einem Θ-System

$$f = 6 \cdot \pi \cdot 0{,}871 \cdot (\langle R \rangle^2) \cdot \eta_0 = 16{,}4\,(\langle R \rangle^2) \cdot \eta_0. \tag{7}$$

Mandelkern und *Flory* [1] gelangen zu den Beziehungen

$$F = P \cdot \eta_0 \cdot (\langle R \rangle^2) \cdot N_L, \tag{8}$$

$$M^{2/3} = \frac{s_0 \cdot \eta_0 \cdot [\eta]^{1/3} \cdot N_L}{10^{2/3} \cdot \Phi^{1/3} \cdot P^{-1}(1 - \bar{v}\varrho)}, \tag{9}$$

wobei P eine systemunabhängige Konstante mit einem Zahlenwert von $\sim 6{,}4$ ist, die beim Einsetzen des Trägheitsradius $(\langle R \rangle^2)^{1/2}$ statt des *Stokes*schen Radius r in die *Stokes*sche Gleichung anstelle des Zahlenfaktors $6 \cdot \pi$

tritt. $\Phi^{1/3} \cdot P^{-1}$ sollte hiernach eine allgemeine, durch Messung bestimmbare Konstante mit dem Zahlenwert von etwa $2{,}5 \cdot 10^6$ sein. Untersuchungen an verschiedenen Polymer/Lösungsmittel-Systemen ergaben Werte zwischen $2{,}3 \cdot 10^6$ und $2{,}7 \cdot 10^6$ [8]. Diese Schwankungen im Zahlenwert von $\Phi^{1/3} \cdot P^{-1}$ sind nach Ergebnissen neuerer Arbeiten [9, 10, 11] auf eine gewisse Abhängigkeit dieser Größe von der Lösungsmittelgüte zurückzuführen, wodurch gleichzeitig die Zuverlässigkeit einer Bestimmung der rel. Molekülmasse unter Verwendung von Gleichung (9) begrenzt wird. In einer kürzlich erschienenen Arbeit versuchen *Elias* und *Bareiss* [5] dieser Inkonstanz von $\Phi^{1/3} \cdot P^{-1}$ durch Einführung eines systemabhängigen „Modellfaktors" Rechnung zu tragen.

Im folgenden sollen einige Überlegungen zur Bestimmung der rel. Molekülmasse aus Messungen von Sedimentationsgeschwindigkeit und Viskositätszahl zur Diskussion gestellt werden, die ebenfalls die Systemabhängigkeit einer Beziehung zwischen $[\eta]$ und F berücksichtigen.

Ausgangspunkt der Betrachtung ist unsere kürzlich in dieser Zeitschrift veröffentlichte [12] Auffassung über die Konzentrationsabhängigkeit der Viskositätszahl unter Zugrundelegung der Beziehung von *Schulz/Blaschke* [13]:

$$[\eta] = \frac{\eta_{\text{spez}}}{c \cdot (1 + k_{SB} \cdot \eta_{\text{spez}})}; \qquad (10)$$

η_{spez} = spezifische Viskosität der Lösung,
c = Polymerkonzentration in g/ml,
k_{SB} = systemabhängige Konstante.

Bei der unter Annahme undurchspülbarer, eine bestimmte Lösungsmittelmenge imbibierender Polymerknäuel vorgenommenen Ableitung der Gleichung (10) aus dem *Einstein*schen Viskositätsgesetz für Kugelsuspensionen

$$\eta_{\text{spez}} = 2{,}5\varphi, \qquad (11)$$

φ = Volumenbruch des Gelösten,

wurde die Beziehung (12) erhalten

$$[\eta] = \frac{1}{\bar{\varrho}_{Kn} \cdot k_{SB}} = \frac{\bar{v}_{Kn}}{k_{SB}}; \qquad (12)$$

$\bar{\varrho}_{Kn}$ = sog. „Knäueldichte" [14],
$\bar{v}_{Kn}$ = spez. Volumen der Knäuel (Knäuelvolumen in ml/g Polymersubstanz).

Entsprechend der ursprünglichen Ableitung von *Einstein* ist hierbei φ der Quotient aus den Volumina des Gelösten und des Lösungsmittels. Der von *Einstein* als Näherung für verdünnte Rohzuckerlösungen eingeführte und allgemein angewendete Quotient aus den Volumina des Gelösten und der Lösung ist auf verdünnte Polymerlösungen nicht anwendbar, wenn vorausgesetzt wird, daß ein Teil des Lösungsmittels im Polymerknäuel inhibiert ist [12].

Gleichung (12) gestattet die Ermittlung des Radius $r_=$ einer dem Rotationsellipsoid des Knäuels volumengleichen Kugel:

$$[\eta] = \frac{4 \cdot \pi \cdot r_=^3 \cdot N_L}{3 \cdot k_{SB} \cdot M}, \qquad r_= = \left(\frac{3 \cdot [\eta] \cdot k_{SB} \cdot M}{4 \cdot \pi \cdot N_L}\right)^{1/3}. \qquad (13)$$

Zweifellos steht die Frage offen, ob es berechtigt ist, den nach (13) erhaltenen Wert von $r_=$ in die Gleichung (5) einzusetzen. Tatsache ist jedoch, daß nicht mit dem Radius r_η einer hydrodynamisch äquivalenten Kugel,

$$r_\eta = \left(\frac{3 \cdot [\eta] \cdot 0{,}4 \cdot M}{4 \cdot \pi \cdot N_L}\right)^{1/3}, \qquad (13\text{a})$$

sondern vielmehr mit $r_=$ einer volumengleichen Kugel die beste Übereinstimmung mit den experimentell ermittelten Reibungsfaktoren gefunden wird.

Tabelle 1. Vergleich gemessener und nach verschiedenen Theorien berechneter Reibungskonstanten [f]

Probe	$M \cdot 10^{-5}$	$[\eta]$ cm³/g	$[f] \cdot 10^5$ cm⁻¹ gemessen	KRKY	KK	M	Gl. (14)	Gl. (13a)
a) Polystyrol-Cyclohexan 35 °C (Theta-System, $k_{SB} = 0{,}36$)								
1	5,4	54	2,95	2,42	3,42	3,11	3,03	3,14
2	0,32	13,3	0,77	0,60	0,85	0,77	0,75	0,78
3	1,0	22,5	1,28	1,03	1,46	1,33	1,29	1,34
4	2,04	32,0	1,83	1,48	2,09	1,90	1,84	1,91
5	2,53	33,9	1,97	1,62	2,29	2,08	2,02	2,09
6	3,66	41,8	2,42	1,96	2,77	2,52	2,44	2,53
7	6,16	54,5	3,37	2,55	3,60	3,28	3,18	3,30
8	8,08	61,0	3,50	2,90	4,00	3,74	3,53	3,66
9	16,4	91,5	5,01	4,20	5,94	5,41	5,23	5,42
b) Polymethylmethacrylat-Butylchlorid 35,6 °C (Theta-System $k_{SB} = 0{,}36$)								
1	2,0	24,1	1,65	1,34	1,89	1,72	1,66	1,72
2	13,0	60,6	4,09	3,38	4,79	4,35	4,22	4,37
3	65,5	144	9,38	7,76	11,0	10,0	9,66	10,0
c) Polymethylmethacrylat-Aceton ($k_{SB} = 0{,}30$)								
1	2,0	37	1,97	—	—	—	1,82	2,00
2	13,0	146,5	5,35	—	—	—	5,34	5,88
3	65,5	480	14,1	—	—	—	13,7	15,1
d) Polymethylmethacrylat-Dioxan ($k_{SB} = 0{,}30$)								
1	2,0	63,5	2,17	—	—	—	2,17	2,39
2	13,0	255	6,35	—	—	—	6,43	7,08
3	65,5	830	17,6	—	—	—	16,4	18,0

Einsetzen von $r_=$ in (5) ergibt

$$f = 2^{1/3} \cdot 3^{4/3} \cdot \pi^{2/3} \cdot k_{SB}^{1/3} \cdot [\eta]^{1/3} \cdot M^{1/3} \cdot N_L^{-1/3} \cdot \eta_0$$

bzw.

$$\frac{f}{\eta_0} = [f] = 1{,}384 \cdot 10^{-7} \cdot k_{SB}^{1/3} \cdot [\eta]^{1/3} \cdot M^{1/3}. \quad (14)$$

Eine Anwendung der Beziehung (14) auf Literaturdaten von *Meyerhoff* [6] im Vergleich mit entsprechenden Berechnungen nach anderen theoretischen Ableitungen zeigen die Tabellen 1a—d, wobei es sich bei 1a und 1b um Θ-Systeme ($k_{SB} = 0{,}36$, vgl. [12]) handelt, während bei 1c und 1d jeweils die experimentell ermittelten und hier zugrundegelegten k_{SB}-Werte mit angegeben sind. Die „gemessenen" Werte wurden von *Meyerhoff* aus Diffusions- bzw. Sedimentationsmessungen unmittelbar erhalten, während in Tabelle 1a und 1b die Daten nach *Kirkwood/Risemann/Kurata/Yamakawa* [15, 10] („KRKY") aus hydrodynamischen Berechnungen unter Zugrundelegung eines Perlenkettenmodells, die nach *Kuhn* und *Kuhn* [16] („KK") aus Rotationsmessungen an makroskopischen Drahtmodellen erhalten wurden, wobei in beiden Fällen von *Meyerhoff* die eigenen experimentellen Daten zugrundegelegt wurden.

Der von *Meyerhoff* („M") für Θ-Systeme zur Berechnung von f eingeschlagene Weg wurde bereits erwähnt.

Die Zahlenwerte der Tabelle 1 zeigen, daß für Θ-Systeme die nach unserer Gleichung (14) berechneten Werte von $[f]$ wesentlich besser mit den experimentellen Daten übereinstimmen, als die nach den anderen Methoden berechneten. Im Gegensatz zu den anderen Beziehungen ist darüber hinaus die Anwendbarkeit von Gleichung (14) offenbar nicht auf Θ-Systeme beschränkt, obwohl bei ihrer Ableitung nur die Systemabhängigkeit der Knäueldichte ($[\eta] \cdot k_{SB} = 1/\varrho_{Kn}$), nicht aber ein unterschiedliches Achsenverhältnis der Rotationsellipsoide berücksichtigt wurde, da wir den Radius $r_=$ der volumengleichen Kugel und nicht r_η der hydrodynamisch äquivalenten Kugel verwendeten. Führt man eine analoge Berechnung von f mit r_η (vgl. Gl. (13a)) durch, so ergibt sich in allen Fällen eine stärkere Abweichung von den experimentellen Daten; für Θ-Systeme stimmen die über r_η erhaltenen Reibungsfaktoren mit den nach *Meyerhoff* errechneten praktisch überein. Für Θ-Systeme ergibt Gleichung (13) in Verbindung mit der Ableitung von *Meyerhoff* (Gleichung (6))

$$[f] = 15{,}8\,(\langle R^2\rangle)^{1/2} \quad (15)$$

in sehr guter Übereinstimmung mit *Meyerhoffs* Ergebnis $f = 16{,}4\,(\langle R^2\rangle)^{1/2}$.

Aus Gleichung (1) und (14) folgt für M

$$M_{s,[\eta]}^{2/3} = \frac{2^{1/3} \cdot 3^{4/3} \cdot \pi^{2/3} \cdot N_L^{2/3} \cdot \eta_0 \cdot k_{SB}^{1/3} \cdot [\eta]^{1/3} \cdot s_0}{1 - \bar{v}\varrho} \quad (16)$$

bzw.

$$M_{s,[\eta]} = 2{,}406 \cdot 10^{25} \cdot \left(\frac{s_0 \cdot \eta_0}{1 - \bar{v}\varrho}\right)^{3/2} \cdot ([\eta] \cdot k_{SB})^{1/2}. \quad (17)$$

Nach (17) sollte die Berechnung der rel. Molekülmasse aus Messungen der Sedimentationsgeschwindigkeit und der Viskositätszahl in beliebigen Systemen möglich sein. Da viskosimetrische Messungen allgemein besser reproduzierbar sind als Diffusionsmessungen, sollten die nach (17) erhaltenen rel. Molekülmassen eine geringere Streuung aufweisen, als bei einer Bestimmung durch Sedimentation-Diffusion. Eine im Hinblick hierauf vorgenommene Auswertung der Messungen von *Gralen* [17] an unfraktionierten Celluloseproben in Cuoxam bestätigte dies; denn für die relative Standardabweichung der rel. Molekülmassen von der Ausgleichgeraden in der Darstellung $\lg[\eta] = f(\lg M)$ erhielten wir einen Wert von 25% für $M_{s,D}$ gegenüber nur 12% für $M_{s,[\eta]}$.

An Hand von Literaturdaten für verschiedene Systeme gibt Tabelle 2 eine Gegenüberstellung der unter Verwendung von Gleichung (17) einerseits, Gleichung (9) andererseits erhaltenen Quotienten $M_{s,D}/M_{s,[\eta]}$ bzw. $M_{LS}/M_{s,[\eta]}$.

Die angegebenen Daten sind jeweils Mittelwerte aus einer Reihe von Einzelfraktionen. Das Gesamtmittel der hier angegebenen Quotienten liegt unter Verwendung von Gleichung (17) bei $0{,}97 \pm 0{,}10$, unter Verwendung von Gleichung (9) bei $1{,}02 \pm 0{,}14$. Auch hier deutet sich wieder bei Verwendung unserer Gleichung (17) mit der systemabhängigen Konstanten k_{SB} eine etwas geringere Streuung der einzelnen Quotienten um den Mittelwert an.

Vergleicht man unsere Beziehung (17) mit der von *Flory* und *Mandelkern* [1] abgeleiteten Formel (9), so ändert sich nach

$$\Phi^{1/3} P^{-1} = \frac{N_L^{1/3}}{2 \cdot 3^{4/3} \cdot 5^{3/2} \cdot \pi^{2/3} \cdot k_{SB}^{1/3}} = 1{,}555 \cdot 10^6\, k_{SB}^{-1/3} \quad (18)$$

die Größe $\Phi^{1/3} P^{-1}$ mit der dritten Wurzel aus k_{SB}. Dies stimmt mit den neueren Auffassungen [9, 10, 11] über die Inkonstanz von $\Phi^{1/3} P^{-1}$ überein. Für kugelförmige Teilchen ($k_{SB} = 0{,}40$) (vgl. [12]) ist nach (18) $\Phi^{1/3} P^{-1}$

Tabelle 2. Vergleich der durch Sedimentation-Diffusion ($M_{s,D}$), Streulichtmessung (M_{LS}) und Sedimentation-Viskositätsmessung ($M_{s,[\eta]}$) erhaltenen rel. Molekülmassen bei verschiedenen Polymersystemen

System	Zitat	Gleichung (17)		Gleichung (9)	
		$M_{s,D}/M_{s,[\eta]}$	$M_{LS}/M_{s,[\eta]}$	$M_{s,D}/M_{s,[\eta]}$	$M_{LS}/M_{s,[\eta]}$
Hydroxyäthylcellulose-H_2O	[18]	—	0,88	—	0,83
α-Methylstyrol-Toluol	[19]	—	1,02	—	1,11
Amyloseacetat-Nitromethan	[20]	—	0,99	—	0,96
Polyacrylnitril-DMF	[21]	0,94	—	0,96	—
Äthylcellulose-Aceton	[22]	0,91	—	0,99	—
Cellulose-Cuoxam	[17]	1,08	—	1,20	—
Polystyrol-Toluol	[23]	1,12	—	1,21	—
Cellulosenitrat-Aceton	[24]	0,81	—	0,89	—

gleich $2{,}11 \cdot 10^6$ in guter Übereinstimmung mit Ergebnissen von *Scheraga* und *Mandelkern* [25] an Sphäroproteinen. In dem für Linearpolymere interessanten Bereich zwischen $k_{SB} = 0{,}36$ und $k_{SB} = 0{,}20$ variiert $\Phi^{1/3}P^{-1}$ nach (18) zwischen $2{,}19 \cdot 10^6$ und $2{,}66 \cdot 10^6$. Literaturdaten für verschiedene Polymer/Lösungsmittel-Systeme ergeben Werte zwischen $2{,}3 \cdot 10^6$ und $2{,}7 \cdot 10^6$.

Ähnlich wie bei osmotischen, viskosimetrischen und Streulicht-Messungen muß auch bei der Bestimmung der Sedimentationskonstanten deren Konzentrationsabhängigkeit berücksichtigt werden. Oft verwendet man hierzu die empirische Gleichung

$$\frac{1}{s_c} = \frac{1}{s_0}(1 + k_s \cdot c); \qquad (19)$$

s_c = Sedimentationskonstante bei endlicher Konzentration c,
s_0 = Sedimentationskonstante bei „unendlicher Verdünnung",
k_s = vom System abhängige Konstante.

Auf Grund theoretischer Überlegungen [26 bis 30] und praktischer Meßergebnisse [31 bis 34] verschiedener Autoren soll k_s der Viskositätszahl $[\eta]$ proportional sein. Für Lösungen linearer Hochpolymerer soll gelten [30, 34]

$$\frac{k_s}{[\eta]} = 1{,}6 \pm 0{,}26. \qquad (20)$$

Burgers [29] leitet für die Sedimentation verdünnter Kugelsuspensionen folgende Beziehung ab:

$$\frac{1}{s_c} = \frac{1}{s_0}(1 + \Lambda \cdot n \cdot v); \qquad (21)$$

n = Anzahl der Kugeln pro Volumeneinheit,
v = Volumen einer suspendierten Kugel,
Λ = allgemeine Konstante mit einem Zahlenwert von 55/8.

Bei Anwendung dieser Beziehung auf verdünnte Lösungen von Linearpolymeren, in denen die gelösten Teilchen als relativ leicht verformbare Ellipsoide und nicht als starre Kugeln vorliegen, könnte in Analogie zur Konzentrationsabhängigkeit der Lösungsviskosität eine geringere Konzentrationsabhängigkeit und damit ein kleinerer Wert für Λ erwartet werden. Ersetzt man in (21) das Volumen der Einzelkugel v unter Verwendung von (13) durch das Volumen einer dem Polymerknäuel volumengleichen Kugel, so folgt

$$\frac{1}{s_c} = \frac{1}{s_0}\left(1 + \frac{\Lambda \cdot n \cdot [\eta] \cdot k_{SB} \cdot M}{N_L}\right) = \frac{1}{s_0}(1 + \Lambda \cdot [\eta] \cdot k_{SB} \cdot c). \qquad (22)$$

Ein Vergleich von (19) und (22) ergibt

$$k_s = \Lambda \cdot [\eta] \cdot k_{SB} \qquad (23)$$

und damit

$$\frac{k_s}{[\eta]} = \Lambda \cdot k_{SB} = \frac{\Lambda}{[\eta] \cdot \varrho_{Kn}}. \qquad (24)$$

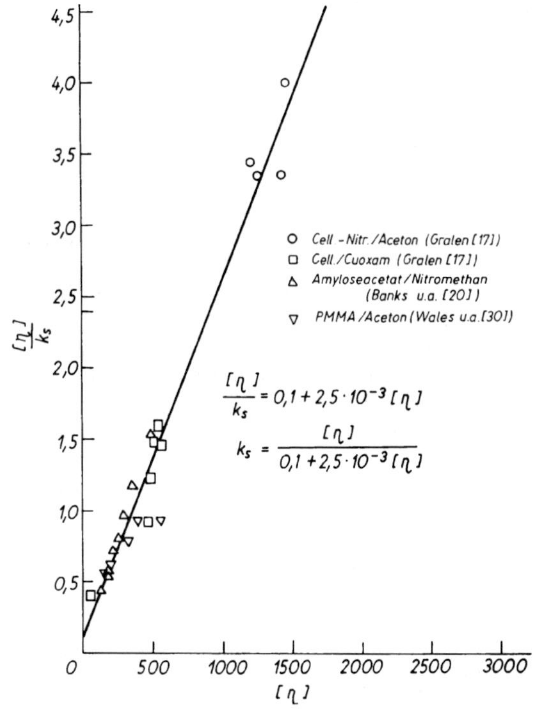

Bild 1. Zusammenhang zwischen der Konzentrationsabhängigkeitskonstanten k_s der Sedimentationskonstanten und der Grenzviskosität $[\eta]$

Nach *Wales* und *v. Holde* [30] soll $k_s/[\eta]$ konstant sein, wobei die Autoren allerdings nur einen relativ kleinen Bereich der Viskositätszahl untersuchten und dabei die an einer Fraktionierreihe von Polymethylmethacrylat auftretende Variation von $k_s/[\eta]$ als Streuung behandelten. Tatsächlich variiert $k_s/[\eta]$ offensichtlich mit $1/[\eta]$, wie die in Bild 1 im Koordinatensystem $[\eta]/k_s$ gegen $[\eta]$ für einen relativ weiten Bereich von $[\eta]$ aufgetragenen Meßergebnisse an verschiedenen Systemen zeigen. Die hier eingezeichneten Meßpunkte ergeben die Ausgleichsgerade

$$\frac{[\eta]}{k_s} = 0{,}1 + 2{,}5 \cdot 10^{-3}[\eta]. \qquad (25)$$

Man erhält hieraus

$$k_s = \frac{[\eta]}{0{,}1 + 2{,}5 \cdot 10^{-3}[\eta]}. \qquad (26)$$

Auf Grund der recht geringen Streuung der Einzelwerte um die in Bild 1 gezeigte Ausgleichsgerade (rel. Standardabweichung 17%) erscheint unter Verwendung von (26) die Durchführung von Einpunktmessungen zur Bestimmung der Sedimentationsgeschwindigkeit möglich. Sofern sich Gleichung (25) nach Prüfung an Hand weiterer experimenteller Daten als allgemein gültig erweist, müßte hiernach k_s bei höheren Grenzviskositäten annähernd konstant sein, falls die zugrundegelegte Konzentrationsreihe nicht den Gültigkeitsbereich der *Schulz/Blaschke*-Gleichung verläßt. Ferner würde aus (24) und (25) eine Abnahme von Λ mit fallender Knäueldichte ϱ_{Kn} zu folgern sein, da (25) eine weitgehende Konstanz von Λ/ϱ_{Kn} fordert.

Falls sich die hier zur Diskussion gestellten Gedankengänge sowohl zur Ermittlung von $M_{s,[\eta]}$ unter Mitverwendung der systemabhängigen *Schulz/Blaschke*-Konstante, wie auch zur rechnerischen Erfassung der Konzentrationsabhängigkeit der Sedimentationskonstanten als allgemein gültig und anwendbar erweisen, könnten diese Überlegungen wesentlich zur Rationalisierung und Vereinfachung der Bestimmung der rel. Molekülmasse mit Hilfe der Ultrazentrifuge beitragen und deren künftige Anwendung als Routinemethode erleichtern.

Literatur

[1] *Mandelkern, L.*, und *Flory, P. J.*: The frictional coefficient for flexible chain molecules in dilute solution. J. chem. Physics **20** (1952) S. 212—214.

[2] *Kalfus, M.*, und *Mitus, J.*: Application of the Flory-Mandelkern equation to individual unfractionated polymer sample. J. Polymer Sci. A-1: Polymer Chem. **4** (1966) S. 953—966.

[3] *Golubev, V. M.*, und *Frenkel, S. Ja.*: Untersuchungen einiger makromolekularer Charakteristiken von Celluloseacetaten anhand der Sedimentationsgeschwindigkeit in Aceton. Vysokomol. Soed. (Hochmol. Verbind.) **A 9** (1967) 9, S. 1847—1859; dt. in: Sowj. Beitr. Faserforsch. Textiltechnik **5** (1968) 1, S. 17—26.

[4] *Kalfus, M.*, und *Elias, H. G.*: Weight average molecular weights from combined sedimentation and viscosity data. J. macromol. Sci., A: Chemistry **1** (1967) S. 955—958.

[5] *Elias, H. G.*, und *Bareiss, R.*: Direct determination of viscosity-average molecular weight in the theta-state J. macromol. Sci. A.: Chemistry **1** (1967) 7, S. 1377—1379.

[6] *Meyerhoff, G.*: Das Verhalten der Reibungszahl von Polymeren in Θ-Lösungsmitteln. Makromol. Chemie **72** (1964) S. 214—216.
Lütje, H., und *Meyerhoff, G.*: Untersuchungen über das Reibungsverhalten von Polymethacrylsäuremethylestern in verschiedenen Lösungsmitteln. Makromol. Chemie **68** (1963) S. 180—193.

[7] *Flory, P. J.*, und *Fox, T. G.*: Molecular configuration and thermodynamic parameters from intrinsic viscosities. J. Polymer Sci. **5** (1950) S. 745—747.

[8] *Mandelkern, L.*, *Krigbaum, W. R.*, *Scheraga, H. A.*, und *Flory, P. J.*: Sedimentation behavior of flexible chain molecules: Polyisobutylene. J. chem. Physics **20** (1952) S. 1392—1397.

[9] *Schulz, G. V.*, und *Kirste, R.*: Untersuchungen zur statistischen Thermodynamik verdünnter Lösungen von Polymethylmethacrylat mit der Lichtstreuungsmethode. Vortrag II B 4, Internat. Symp. Makromoleküle, Wiesbaden, 12. bis 17. 10. 1959.

[10] *Kurata, M.*, und *Yamakawa, H.*: Theory of dilute polymer solution. J. chem. Physics **29** (1958) S. 311 bis 325.

[11] *Manley, R. St.*: Properties of ethyl-hydroxy-ethylcellulose molecules in solution. Ark. Kemi **9** (1956) S. 519—581.

[12] *Glöckner, G.*, *Linow, K.-J.*, und *Philipp, B.*: Zur Interpretation der Viskositäts-Konzentrations-Beziehung nach *Schulz* und *Blaschke*. Faserforsch. u. Textiltechnik **19** (1968) 3, S. 120—123.

[13] *Schulz, G. V.*, und *Blaschke, F.*: Eine Gleichung zur Berechnung der Viskositätszahl für sehr kleine Konzentrationen. J. prakt. Chemie **158** (1941) S. 130—135; **159** (1941) S. 146—152, 153—154.

[14] *Vollmert, B.*: Grundriß der Makromolekularen Chemie. Berlin/Göttingen/Heidelberg, Springer 1962, S. 242 bis 243

[15] *Kirkwood, J. G.*, und *Risemann, J.*: The intrinsic viscosities and diffusion constants of flexible macromolecules in solution. J. chem. Physics **16** (1948) S. 565—573.

[16] *Kuhn, H.*, *Kuhn, W.*, und *Silberberg, A.*: Improved relations for diffusion and sedimentation constants and for viscosity and streaming birefringence of solutions of polymers. J. Polymer Sci. **14** (1954) S. 193—208.

[17] *Gralen, N.*: Sedimentation and diffusion measurements on cellulose and cellulose derivatives. Dissertation Uppsala 1944.

[18] *Brown, W*: Hydroxyethyl cellulose. A study of its macromolecular properties in solution. Ark. Kemi **18** (1961) S. 227—284.

[19] *Noda, I.*, *Saito, S.*, *Fujimoto, T.*, und *Nagasawa, M.*: Relationship between the intrinsic viscosity and the sedimentation coefficient of a monodisperse polymer. J. physic. Chem. **71** (1967) S. 4048—4055.

[20] *Banks, W.*, *Greenwood, C. T.*, und *Hourston, D. J.*: Sedimentation studies on amylose acetate in nitromethane solution. Makromol. Chemie **111** (1968) S. 226—235.

[21] *Bisschops, J.*: Viscosity, diffusion and sedimentation of polyacrylonitrile solutions. J. Polymer Sci. **17** (1955) S. 81—88.

[22] *Meyerhoff, G.*, und *Sütterlin, N.*: Äthylcellulose in Lösung. Hydrodynamische Eigenschaften und ungestörte Dimensionen. Makromol. Chemie **87** (1965) S. 258—270.

[23] *Meyerhoff, G.*: Über den experimentellen Zusammenhang zwischen Molekulargewicht und Viskositätszahl von Polystyrolen im Bereich von $M = 1000$ bis 500000 auf Grund von Sedimentations- und Diffusionsmessungen. Z. physik. Chemie, NF, Frankfurt/M. **4** (1955) S. 335—345.

[24] *Schulz, G. V.*, und *Marx, M.*: Über Molekulargewicht und Molekulargewichtsverteilung nativer Cellulosen. Makromol. Chemie **14** (1954) S. 52—95.

[25] *Scheraga, H. A.*, und *Mandelbaum, L.*: Consideration of the hydrodynamic properties of proteins. J. amer. chem. Soc. **75** (1953) S. 179—184.

[26] *Schachmann, H. K.*, und *Kauzmann, W. J.*: Untersuchungen über die Viskosität und Sedimentation von Tabakmosaikvirus. J. physic. colloid Chem. **53** (1949) S. 150—162.

[27] *Kermack, W. O.*, *McKedrnick, A. G.*, und *Ponder, E.*: Die Stabilität von Suspensionen. III. Die Sedimentations- und kataphoretische Geschwindigkeit von Suspensionen in einer viskosen Flüssigkeit. Proc. Roy. Soc. Edinburgh **49** (1929) S. 170—197.

[28] *Powell, R. E.*, und *Eyring, H.*: Frictional and thermodynamic properties of large molecules. Advances Colloid Sci. **1** (1942) S. 183—226.

[29] *Burgers, J. M.*: Hydrodynamics. Proc. Acad. Sci. Amsterdam **44** (1941) S. 1045—1051, 1177—1184; **45** (1942) S. 9—16, 126—128.

[30] *Wales, M.*, und *v. Holde, K. E.*: The concentration dependence of the sedimentation constants of flexible macromolecules. J. Polymer Sci. **14** (1954) S. 81—86.

[31] *Lauffer, M. A.*: Der Einfluß der Konzentration auf die Sedimentationsgeschwindigkeit von Tabakmosaikvirus. J. amer. chem. Soc. **66** (1944) S. 1195—1201.

[32] *Kegeles, G.*, und *Gutter, F. J.*: The determinations of sedimentation constants from fresnel diffraction patterns. J. amer. chem. Soc. **73** (1951) S. 3770—3775.

[33] *Miller, G. L.*, und *Golder, R. H.*: Sedimentationsuntersuchungen mit der Spinco-Ultrazentrifuge. Arch. Biochem. Biophysics **36** (1952) S. 249—258.

[34] *Newman, S.*, und *Eirich, F.*: Particle shape and the concentration dependence of sedimentation and diffusion. J. colloid Sci. **5** (1950) S. 541—549.

Eingegangen am 7. August 1968

Zum Verhalten von Fäden bei Druckbeanspruchungen durch Walzen

Teil III. Walzversuche mit polyfilen Seiden und Garnen[1])

Wolfgang Bobeth und Helmar Päßler

Institut für Textiltechnik der Technischen Universität Dresden

DK 677–042.2:677.061.1:539.412.1:620.172.222

Es wird gezeigt, daß beim Walzen von polyfilen Seiden die einzelnen Elementarfäden ungleichmäßig auf Druck beansprucht werden und daß dadurch erhöhte Reißkraft- und Reißdehnungsverluste im Vergleich zu gleichmäßig druckbeanspruchten Fäden auftreten. Zur Einschätzung des Druckverhaltens verschiedener Garne und polyfiler Seiden werden die Reißlängenänderungen durch das Walzen in Abhängigkeit von der auf den Substanzquerschnitt der Fäden bezogenen Walzdruckkraft dargestellt.

К вопросу о поведении нитей при нажимной нагрузке между вальцами

Часть III. Нагрузка филаментных нитей и пряжи при вальцевании

Показано, что при вальцевании филаментных нитей нагрузка на отдельные элементарные нити неравномерна, что и приводит к повышенной потере разрывного усилия и удлинения по сравнению с нитями, равномерно подвергнутыми нагрузке. Для оценки поведения различных образцов пряжи и филаментных нитей при вальцевании представлено изменение разрывной длины за счет вальцевания в зависимости от сжимающего усилия, отнесенного к поперечному сечению нитей.

Behavior of Filaments on Compression by Rollers

Part III. Rolling Tests of Multifilament and Spun Yarns

Rolling of multifilament yarns is shown to result in irregular compression of the individual filaments, leading to increased losses in breaking strength and elongation as compared with filaments subjected to regular compression. To estimate the compressional behaviour of various multifilament and spun yarns the changes in elongation at break on rolling are represented as a function of compressional force related to the filament diameter.

Einleitung

Die in den Teilen I und II dieser Arbeit beschriebenen Walzversuche mit monofiler Polyamidseide führten zu einer gleichmäßigen Druckbeanspruchung der gesamten gewalzten Fadenlänge. Wird dagegen eine polyfile Seide, ein Garn oder ein Zwirn unter gleichen Bedingungen zwischen gehärteten Stahlwalzen durch Druck beansprucht, so werden die einzelnen Elementarfäden bzw. Fasern ungleichmäßig gedrückt.

Bei Druckeinwirkungen im Gebrauch der Textilien werden die Faserstoffe stets im Kollektiv beansprucht. Die Wirkung derartiger Beanspruchungen wird außer vom Druckverhalten der Faserstoffsubstanz auch von der Lage der Faserstoffelemente zueinander und bei Mischgarnen auch vom Zusammenwirken der Faserstoffkomponenten beeinflußt.

1. Allgemeine Betrachtungen

Im einfachsten Fall kann eine polyfile Seide aus zwei Elementarfäden bestehen (Bild 1). Wenn ein solcher Faden gewalzt wird, sind die durch die Drehungen vorhandenen Abschnitte *m* und *n* zu unterscheiden. Wird ein der Skizze entsprechender Faden so gewalzt, daß die Druckkraft senkrecht zur Papierebene wirkt, dann verteilt sich diese je zur Hälfte auf beide Elementarfäden, wenn sich ein Abschnitt *m* im Walzspalt befindet. Liegt dagegen ein Abschnitt *n* im Walzspalt, so wirkt die gesamte Walzdruckkraft auf jeden der Elementarfäden und drückt diese ineinander. Die Druckbeanspruchung über die Länge jedes Elementarfadens ist somit unterschiedlich. Bild 2 zeigt einen Elementarfaden aus einer gewalzten zweifädigen Versuchsseide, an dem die unterschiedliche Druckbeanspruchung deutlich sichtbar ist.

[1]) Teil I: Faserforsch. u. Textiltechnik **19** (1968) 9, S. 418–422. Teil II: Faserforsch. u. Textiltechnik **19** (1968) 10, S. 441–446.

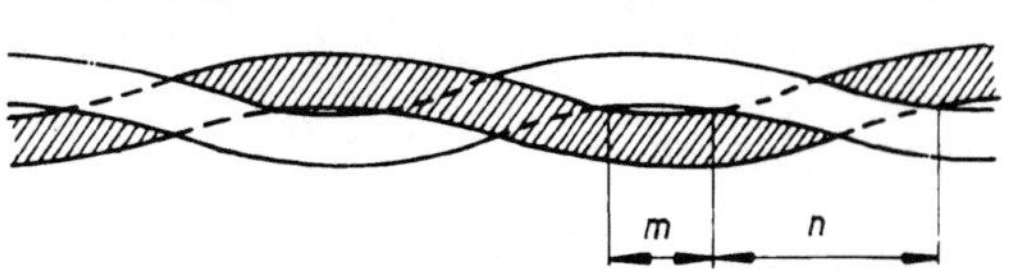

Bild 1. Schematische Darstellung einer polyfilen Seide aus zwei Elementarfäden

2. Druckverhalten einer polyfilen Seide

Zum Bestimmen des Einflusses von Druckbeanspruchungen auf das Verhalten einer handelsüblichen polyfilen Seide wurde DEDERON-Seide Nm 200 (5 tex) mit neun Elementarfäden bei verschiedenen Druckkräften gewalzt und anschließend Zugversuchen unterzogen. Für Vergleichszwecke wurden außerdem Elementarfäden dieser Seide einzeln gewalzt und anschließend ebenfalls auf ihr Zugverhalten untersucht.

Die Darstellung der absoluten Reißkraft der polyfilen Seide und der Elementarfäden in Abhängigkeit von der Walzdruckkraft ist infolge der Feinheitsunterschiede für einen Vergleich nicht geeignet. Deshalb wurde in Bild 3 sowohl für die Seide als auch für die Elementarfäden das Reißkraftverhältnis

$$\frac{\text{Reißkraft des gewalzten Fadens}}{\text{Reißkraft des nichtgewalzten Fadens}}$$

Bild 2. Elementarfaden aus einer gewalzten zweifädigen Versuchsseide

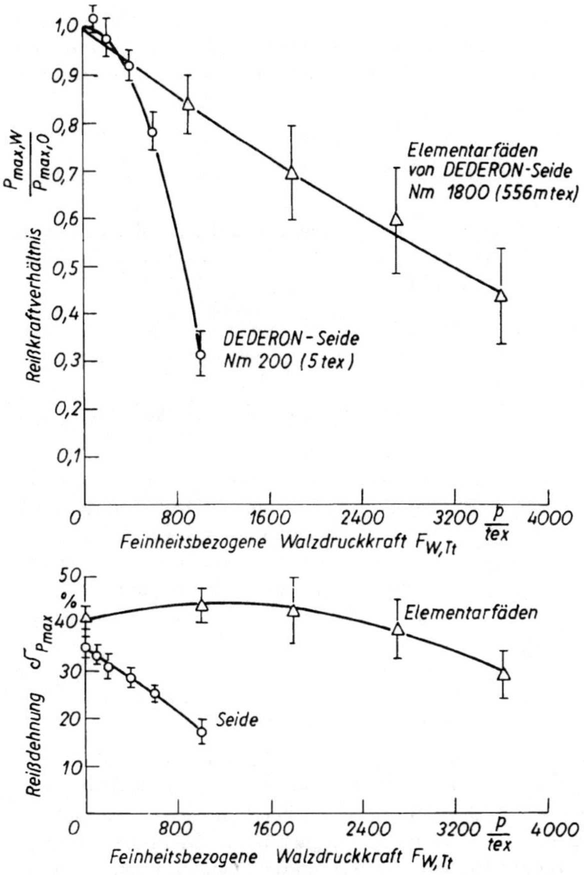

Bild 3. Reißkraftverhältnis und Reißdehnung in Abhängigkeit von der feinheitsbezogenen Walzdruckkraft

über der auf die jeweilige Fadenfeinheit bezogenen Walzdruckkraft $F_{W,Tt}$ dargestellt. Außerdem zeigt Bild 3 die Reißdehnung dieser Fäden in Abhängigkeit von der feinheitsbezogenen Walzdruckkraft. Aus dieser Darstellung geht hervor, daß die ungleichmäßige Druckbeanspruchung der polyfilen Seide beim Walzen einen wesentlich stärkeren Reißkraftrückgang verursacht als die gleichmäßige Druckbeanspruchung der einzeln gewalzten Elementarfäden. Während die Reißdehnung der Elementarfäden im Bereich geringer Druckbeanspruchungen leicht ansteigt und erst anschließend langsam zurückgeht, fällt diese bei der polyfilen Seide bereits beim Walzen mit kleinen Druckkräften sehr stark ab.

In Bild 4 ist eine mögliche Lage der polyfilen Seide im Walzspalt schematisch dargestellt. Daraus geht hervor, daß die Druckbeanspruchung zwischen den Elementarfäden unterschiedlich sein muß. Indem sich während des Walzens durch die in der Seide enthaltenen Drehungen die relative Lage der Elementarfäden im Walzspalt ständig ändert, erfolgt auch eine ungleichmäßige Druckbeanspruchung innerhalb jedes Elementatfadens. Bild 5 zeigt die neun Elementarfäden aus der mit einer Druckkraft von 5,0 kp gewalzten polyfilen Polyamidseide. Die abgebildeten Fadenabschnitte lagen in der Seide nebeneinander. Es ist zu erkennen, daß sowohl innerhalb jedes Elementarfadens, als auch zwischen den Elementarfäden erhebliche Deformationsunterschiede vorhanden sind.

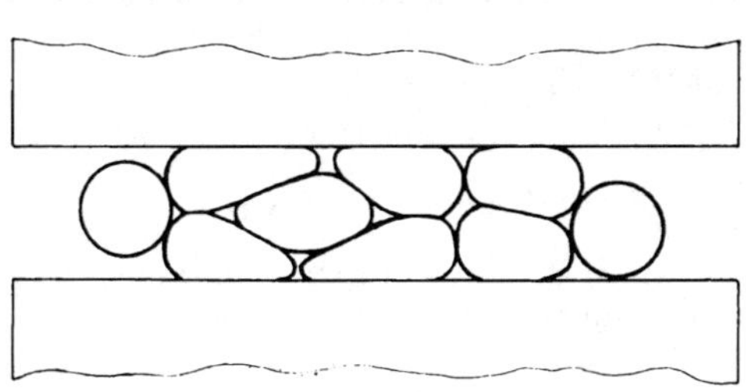

Bild 4. Schematische Darstellung der Lage einer polyfilen Seide im Walzspalt

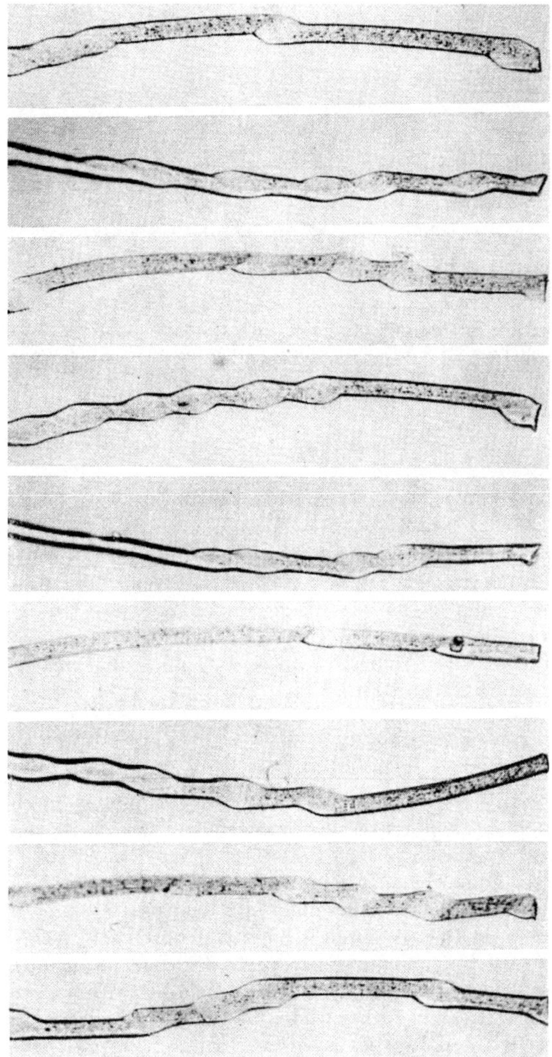

Bild 5. Elementarfäden aus einer gewalzten polyfilen Polyamidseide. Abbildungsmaßstab 100:1

In jedem Elementarfaden der gewalzten Seide sind somit Abschnitte enthalten, die einen größeren Anteil von der Walzdruckkraft aufgenommen haben, als es dem Quotienten

$$\frac{\text{Walzdruckkraft}}{\text{Elementarfadenzahl}}$$

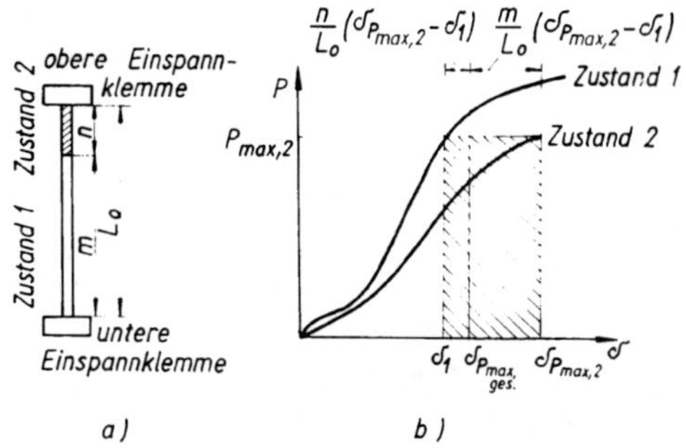

Bild 6. Schematische Darstellung zum Zugverhalten eines ungleichmäßig durch Druck beanspruchten Elementarfadens
a) Elementarfaden im Zugfestigkeitsprüfgerät
b) Kraft-Dehnungs-Kurven von gleichmäßig gewalzten Elementarfäden

entspricht. Diese über den Durchschnitt druckbeanspruchten Stellen sind eine der Ursachen für die stärkere Abnahme von Reißkraft und Reißdehnung gegenüber den einzeln gewalzten Elementarfäden. Ein weiterer Grund liegt in der Ungleichmäßigkeit der Druckbeanspruchung sowohl innerhalb der Elementarfäden als auch zwischen diesen, wie die folgenden allgemeinen Betrachtungen zeigen.

2.1. Zugverhalten eines Elementarfadens, der über seine Länge ungleichmäßig durch Druck beansprucht wurde

In Bild 6a ist schematisch ein ungleichmäßig durch Druck beanspruchter Elementarfaden zwischen den Klemmen eines Zugfestigkeitsprüfgerätes dargestellt. Dieser Faden hat über die Länge m eine geringe Druckbeanspruchung und über die Länge n eine starke Druckbeanspruchung erfahren. Der Fadenabschnitt m befindet sich in einem Zustand 1, der Fadenabschnitt n in einem Zustand 2. Die Kraft-Dehnungs-Kurve für beide Zustände zeigt Bild 6b. Hätte der gesamte, zwischen den Einspannklemmen befindliche Fadenabschnitt eine starke Druckbeanspruchung erfahren, so würde der Fadenbruch bei $P_{max,2}$ und $\delta_{P_{max,2}}$ eintreten. Infolge der ungleichmäßigen Druckbeanspruchung reißt dieser zwar bei der Kraft $P_{max,2}$ aber bei einer vom Zugfestigkeitsprüfgerät angezeigten Dehnung $\delta_{P_{max\ ges}}$, die kleiner als $\delta_{P_{max,2}}$ und größer als die im Moment des Fadenbruches im Abschnitt m (Zustand 1) eingetretene Dehnung δ_1 ist:

$$\delta_1 < \delta_{P_{max,ges}} < \delta_{P_{max,2}}.$$

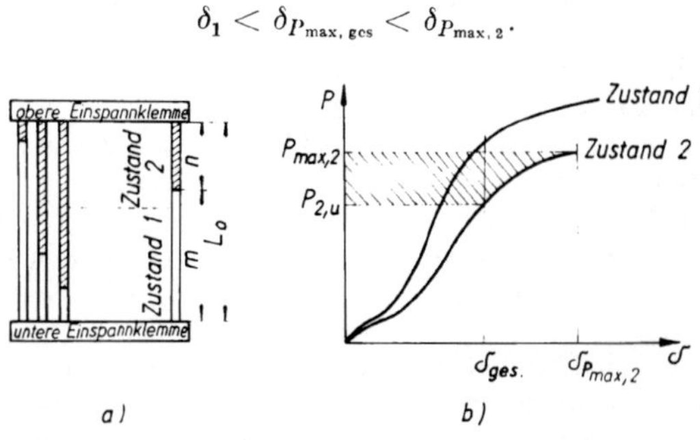

Bild 7. Schematische Darstellung zum Zugverhalten einer gewalzten polyfilen Seide
a) Elementarfäden einer Seide im Zugfestigkeitsprüfgerät
b) Kraft-Dehnungs-Kurven von gleichmäßig gewalzten Elementarfäden

Die Größe von $\delta_{P_{max,ges}}$ hängt von den Längen m und n ab und läßt sich nach folgender Gleichung berechnen (die allgemein übliche Angabe der Dehnung in Prozent bleibt zur Vereinfachung unberücksichtigt):

$$\delta_{P_{max,ges}} = \delta_{P_{max,2}} - \frac{m}{L_0}\left(\delta_{P_{max,2}} - \delta_1\right). \qquad (1)$$

Die Reißdehnung des Elementarfadens ist also in jedem Fall kleiner als diejenige des Fadenabschnittes mit der geringsten Reißkraft.

2.2. Zugverhalten einer polyfilen Seide, deren Elementarfäden sowohl in sich als auch unter sich ungleichmäßig durch Druck beansprucht wurden

Zur Vereinfachung werden folgende Annahmen gemacht:

Annahme 1: Innerhalb der Einspannlänge sind in jedem Elementarfaden nur die Zustände 1 und 2 (entsprechend der vorangegangenen Betrachtungen) vorhanden. Das Verhältnis der Längen m/n ist zwischen den Elementarfäden unterschiedlich. $m, n \neq 0$.

Annahme 2: Die Haftreibung zwischen den Elementarfäden sowie von der Druckbeanspruchung unabhängige Ungleichmäßigkeiten bleiben unberücksichtigt.

In Bild 7a sind schematisch die Elementarfäden zwischen den Einspannklemmen eines Zugfestigkeitsprüfgerätes dargestellt. Bild 7b zeigt die Kraft-Dehnungs-Kurven von Elementarfäden für die Zustände 1 und 2.

Befänden sich alle Elementarfäden in einem einheitlichen Zustand, z. B. im Zustand 2, so würden unter Berücksichtigung von Annahme 1 alle gleichzeitig reißen. Die Reißkraft der Seide wäre in diesem Fall

$$P_{max,Seide} = z \cdot P_{max,2},$$

z Anzahl der Elementarfäden in der Seide,

und die Reißdehnung wäre

$$\delta_{P_{max,Seide}} = \delta_{P_{max,2}}.$$

Auf Grund der unterschiedlichen Druckbeanspruchung reißen die Elementarfäden aber nacheinander. Während des Versuchsablaufes wirken in den einzelnen Elementarfäden unterschiedliche Zugkräfte. Der erste Elementarfaden reißt, wenn in diesem bei einer vom Zugfestigkeitsprüfgerät angezeigten Dehnung δ_{ges} die Dehnung im Abschnitt n den Wert $\delta_{P_{max,2}}$ erreicht hat. Aus Gleichung (1) geht hervor, daß dies bei dem Elementarfaden mit dem kürzesten Abschnitt n bzw. mit dem längsten Abschnitt m der Fall ist. In diesem Faden wirkt im Moment des Zerreißens die Zugkraft $P_{max,2}$. Die Zugkrägte P_i in den übrigen Elementarfäden sind entsprechend Bild 7b

$$P_{2,u} < P_i < P_{max,2}.$$

Die von der Seide aufgenommene und vom Prüfgerät angezeigte Zugkraft ist im Augenblick des ersten Elementarfadenbruches

$$P_{Seide} = P_{max,2} + \sum_{i=1}^{i=z-1} P_i.$$

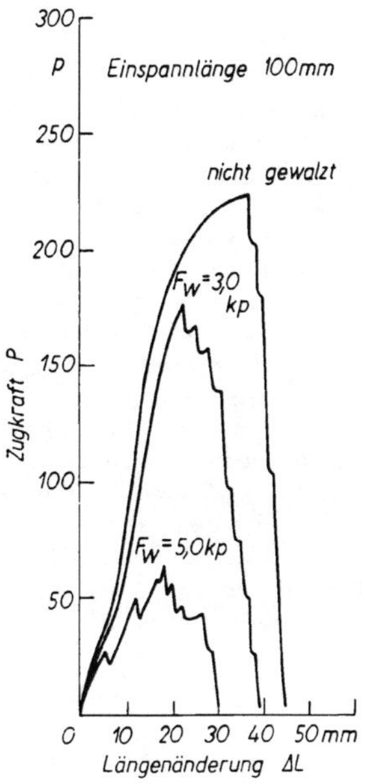

Bild 8. Kraft-Längenänderungs-Kurven von polyfiler Polyamidseide vor und nach dem Walzen

Nach dem ersten Elementarfadenbruch können zwei Fälle eintreten.

1. Fall: Die verbliebenen Elementarfäden können ihre Zugkraftaufnahme noch so weit erhöhen, daß ihre Summe den Wert P_{Seide} übersteigt.

2. Fall: Die Summe der Zugkräfte der noch nicht gerissenen Elementarfäden kann im weiteren Verlauf den Wert P_{Seide} nicht mehr erreichen.

Tritt Fall 1 ein, so wird nach dem Zerreißen weiterer Elementarfäden ein Punkt erreicht werden, von dem ab keine weitere Zugkrafterhöhung mehr möglich ist und Fall 2 zutrifft.

Diese Betrachtungen führen zu dem Ergebnis, daß durch die Ungleichmäßigkeit der Druckbeanspruchung der Elementarfäden auch die Reißkraft der polyfilen Seide geringer sein muß, als dies den am stärksten druckbeanspruchten Stellen in den Elementarfäden entspricht. Es ist in jedem Fall

$$P_{\max,\,\text{Seide}} < z \cdot P_{\max,2}.$$

In Bild 8 sind Kraft-Längenänderungs-Kurven von der gewalzten polyfilen Polyamidseide dargestellt. Bei der mit 3,0 kp Druckkraft gewalzten Seide liegt der Fall vor, daß nach dem Zerreißen des ersten Elementarfadens keine weitere Zugkrafterhöhung mehr stattfindet. Dagegen nimmt bei der mit 5,0 kp gewalzten Seide die Zugkraft nach dem ersten Elementarfadenbruch noch zu. Daraus ist zu entnehmen, daß die Ungleichmäßigkeit in der Druckbeanspruchung mit der Walzdruckkraft ansteigt.

3. *Reißlängenänderungen verschiedener polyfiler Seiden und Garne*

Aus Walzversuchen mit poyfilen Seiden, Garnen und Zwirnen können Aufschlüsse über das Verhalten der Faserstoffe bei im Gebrauch der Textilien auftretenden Druckbeanspruchungen erhalten werden.

Zur Beurteilung des Druckverhaltens der untersuchten Fäden wurden die Änderungen der Reißlänge durch das Walzen bestimmt. Da die Höhe der Druckbeanspruchung eines Fadens außer von der Walzdruckkraft auch von der Fadenfeinheit abhängt, wurden wegen der Ungleichmäßigkeit der Garne die Zugversuche mit 10 mm Einspannlänge durchgeführt. Innerhalb dieser Länge kann die Feinheit als hinreichend konstant angenommen werden, so daß damit die tatsächliche Höhe der feinheitsbezogenen Walzdruckkraft, die auf diese 10 mm langen Fadenstücke wirkte, bestimmt werden kann. Analog den in Abschnitt 2 beschriebenen Versuchen wurde die Reißlänge der gewalzten Fäden auf die der nichtgewalzten Fäden bezogen.

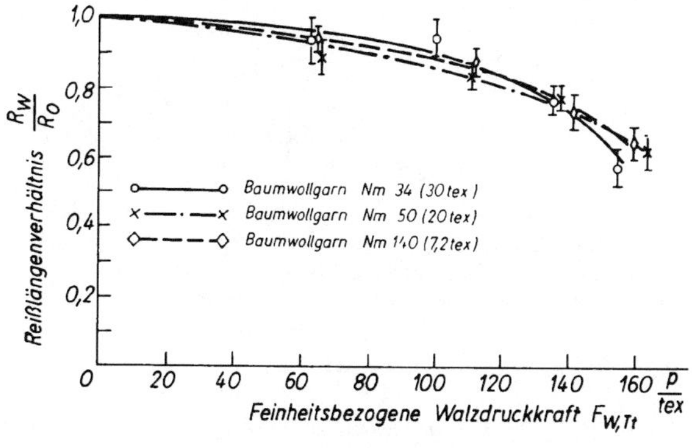

Bild 9. Reißlängenverhältnis von Baumwollgarnen in Abhängigkeit von der feinheitsbezogenen Walzdruckkraft

In Bild 9 sind die Reißlängenverhältnisse von drei Baumwollgarnen, von denen etwa gleiches Druckverhalten zu erwarten war, über der feinheitsbezogenen Walzdruckkraft aufgetragen. Die gute Übereinstimmung im Verlauf der drei Kurven zeigt, daß diese Darstellungsweise zum Vergleich des Druckverhaltens verschiedener Fäden geeignet ist. Um auch den Einfluß von Dichteunterschieden zwischen den verschiedenen Faserstoffen auszuschalten, wurden schließlich die Walzdruckkräfte auf die Substanzquerschnittsflächen der Fäden bezogen.

In den Bildern 10 und 11 sind die Reißlängenverhältnisse über den auf die Substanzquerschnittsflächen bezogenen Walzdruckkräften von verschiedenen polyfilen Seiden und Garnen dargestellt. Die erheblichen Unterschiede zwischen den Kurvenverläufen charakterisieren das verschiedene Druckverhalten der untersuchten Fäden. Die Gewichtigkeit, die einer solchen Prüfmethode einzuräumen ist, muß von noch durchzuführenden Korrelationsbetrachtungen zu anderen Prüfverfahren, insbesondere zu Gebrauchswertuntersuchungen, bestimmt werden.

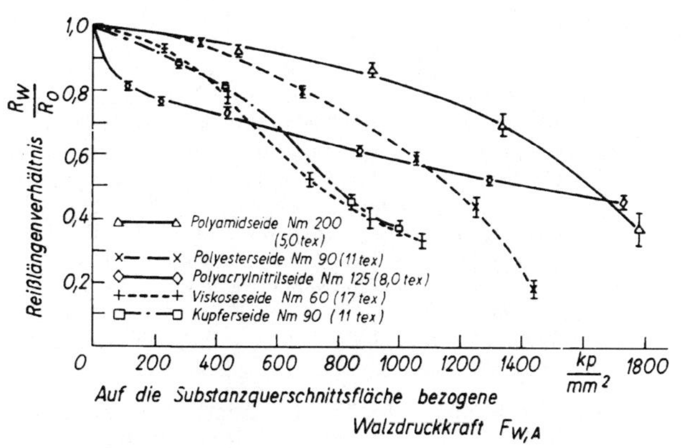

Bild 10. Reißlängenverhältnis von polyfilen Seiden in Abhängigkeit von der auf die Substanzquerschnittsfläche bezogenen Walzdruckkraft

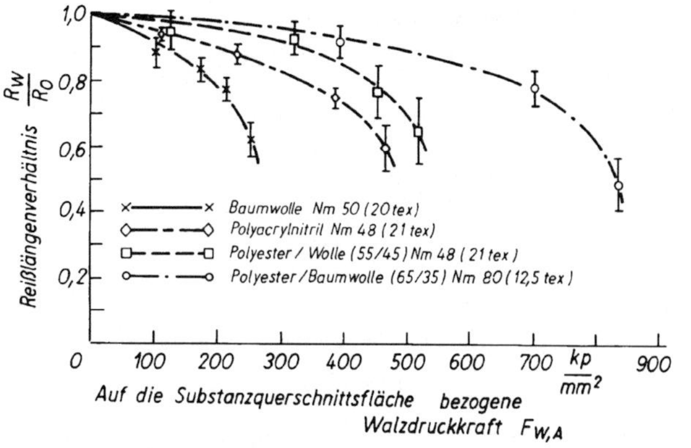

Bild 11. Reißlängenverhältnis von Garnen in Abhängigkeit von der substanzquerschnittsflächenbezogenen Walzdruckkraft

4. *Zusammenfassung*

Beim Walzen von polyfilen Seiden und Garnen werden die einzelnen Elementarfäden bzw. Fasern sehr ungleichmäßig durch Druck beansprucht. Am Beispiel einer polyfilen Polyamidseide wurde gezeigt, daß diese ungleichmäßige Druckbeanspruchung zu einer stärkeren Abnahme der Reißkraft und auch der Reißdehnung führt, als beim Walzen von Monofilen oder einzelnen Elementarfäden vergleichbarer Feinheit.

Da bei Druckeinwirkungen im Gebrauch der Textilien die Faserstoffe stets im Kollektiv beansprucht werden, können Walzversuche mit polyfilen Seiden, Garnen und Zwirnen zu Aufschlüssen über das Gebrauchsverhalten führen. Im Hinblick auf die erforderliche Vergleichbarkeit wurden von den verschiedenen untersuchten Garnen und polyfilen Seiden die Reißlängenverhältnisse (Reißlänge des gewalzten Fadens zur Reißlänge des nichtgewalzten Fadens) in Abhängigkeit von der substanzquerschnittsflächenbezogenen Walzdruckkraft dargestellt.

Eingegangen am 13. Mai 1968

Das Kraft-Dehnungs-Verhalten von Kernwindefäden

Günter Trommer

Mitteilung aus dem Forschungsinstitut für Textiltechnologie Karl-Marx-Stadt (Direktor: Dr.-Ing. K. H. Banke)

DK 677—042.2:539 412.1:620.163

Beziehungen für das Kraft-Dehnungs-Verhalten von Kernwindefäden aus ungedrehtem, mit einer Seide umwundenen Faserband werden abgeleitet. Fadenprüfergebnisse, die mit den berechneten Werten verglichen werden, zeigen die generelle Brauchbarkeit der entwickelten Gleichungen. Ferner werden die die Reißkraft des Kernwindefadens am stärksten beeinflussenden Faserstoff- und Fadenparameter herausgearbeitet, so daß schließlich daraus Aussagen über eine optimale Fadenkonstruktion getroffen werden können. Eine Fadenscheuer- und Pilling-Prüfung runden das Bild über Kernwindefäden ab.

Разрывные характеристики двухслойных нитей

Выведены зависимости между разрывными характеристиками двухслойных нитей из некрученой ленты, обмотанной филаментной нитью. Результаты проведенных испытаний были сравнены с расчетными значениями и показывают принципиальную применимость выведенных уравнений. Кроме того, определены параметры волокна и нити, наиболее сильно влияющие на разрывное усилие двухслойных нитей, что позволяет получить информацию об оптимальной конструкции нитей. В заключение проведены испытания двухслойных нитей на истирание и образование пилинга.

The Stress-Strain Behaviour of Core-spun Yarns

Equations for the stress-strain behaviour are derived for core-spun yarns consisting of fibre strands wrapped with filament yarns. The calculated values compare well with testing data, thus proving the equations to be generally applicable. Determination of fibre and filament parameters affecting the yarn properties most strongly led to optimal characteristics to be considered in yarn construction. The picture of yarn properties was completed by abrasion and pilling tests.

1. *Einleitung*

Das Bestreben, Ring und Läufer beim Spinnprozeß auszuschalten, hat seinen Grund hauptsächlich in der Leistungsbeschränkung und in der sehr ungünstigen Automatisierungsmöglichkeit. Eine Möglichkeit, Fasern zu einem Faden ohne die Verwendung von Ring und Läufer zu verarbeiten, ist die Umwindung der Fasern mit einer Seide. Diese Möglichkeit wurde in neuerer Zeit in der DDR im Bereich der VVB Wolle und Seide aufgegriffen. Der dabei erzeugte Faden wird im betrieblichen Sprachgebrauch mit Kerngarn bezeichnet. Im Rahmen dieser Arbeit wird die terminologisch richtigere Bezeichnung Kernwindefaden benutzt. Die Handelsbezeichnung lautet „SUGAFIL".

[1]) Die Abschnitte 1 bis 7 sind Teilergebnisse einer in der Fakultät für Technologie der TU Dresden eingereichten Habilitationsarbeit mit dem Titel „Das Verhalten von Kernwindefäden bei Zugbeanspruchung". Referenten: Prof. Dr.-Ing. habil. *W. Bobeth* und Prof. Dr.-Ing. habil. *U. Liebscher*.

Die Herstellung geschieht prinzipiell mit Hilfe einer im In- und Ausland geschützten Vorrichtung wie folgt (Bild 1): Ein verzogenes Faserband (1) tritt kurz nach Verlassen des Streckwerkes (2) in eine Hohlspindel (3) ein. Auf dieser Hohlspindel befindet sich eine Spule (4) mit der für die Umwindung des Faserbandes bestimmten Seide. An der Eintrittsstelle in die Hohlspindel wird das Faserband mit der Seide umwunden. Die Drehungsdichte resultiert aus dem Verhältnis von Liefergeschwindigkeit des Faserbandes durch das Streckwerk und Drehzahl der Hohlspindel mit Seidenspule. Am unteren Ende der Hohlspindel tritt der fertige Kernwindefaden (5) aus und wird auf einer Kreuzspule (6) aufgewunden.

Die Vorteile, die man sich bei der Herstellung von Kernwindefäden anstelle klassischer Gespinste verspricht, sind im wesentlichen folgende:

a) Wegfall des Fachens, Zwirnens und Kreuzspulens.
b) Senkung der Fadenbrüche beim Spinnprozeß und Reduzierung der Ausfallzeiten durch größere Auflaufkörper.

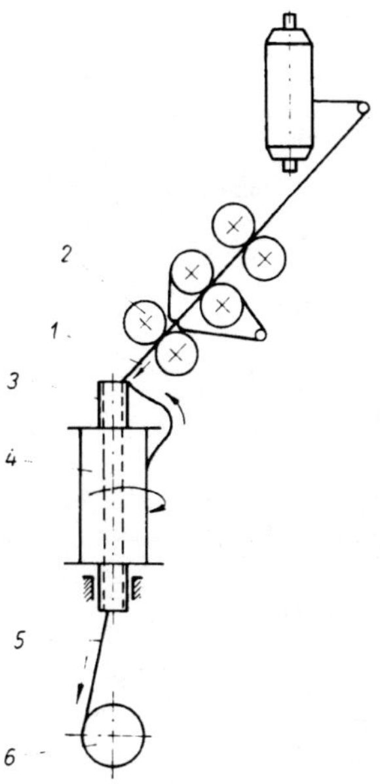

Bild 1. Prinzip der Herstellung von Kernwindefäden

c) Bessere Automatisierungsmöglichkeit des Spinnprozesses.

d) Erhöhung der Liefergeschwindigkeit.

Bei den in der Sowjetunion bereits in größerem Umfang hergestellten Kernwindefäden wird ein Faserband mit einem klassischen Garn anstelle einer Seide umwunden. Hierbei werden diese Vorteile nur teilweise wirksam, da der Kernwindefaden etwa zur Hälfte aus normal gesponnenem Garn besteht. Der umwundene Teil des Fadens wird im folgenden stets mit Kern und der umwindende Teil mit Mantel bezeichnet.

Den Vorteilen beim Spinnprozeß dürfen möglichst keine Nachteile bei der Weiterverarbeitung des Fadens und im Endprodukt entgegenstehen. Da die den Kern bildenden Fasern völlig ungedreht sind und nur von der sie umwindenden Seide zusammengehalten werden (Bild 2), ergeben sich im Vergleich zu klassischen Garnen neue Probleme und Verhaltensweisen. So ergibt sich beispielsweise die Frage, ob bei Produkten aus Kernwindefäden die Pillingneigung oder der Verschleiß größer sind. Bei Zugbelastung des Fadens tritt ein teilweises Auseinandergleiten der Kernfasern ein, was nach Entlastung zu einem bogigen Aussehen führen kann, da der Kern des Fadens im Unterschied zur umwindenden Seide nicht wieder auf seine ursprüngliche Länge zurückgeht, sondern ausknickt. In welchem Maße diese oder jene Erscheinung auftritt, wird natürlich von den verschiedenen Parametern abhängen.

Im Rahmen dieser Arbeit soll zunächst eine grundlegende Beurteilung des Kraft-Dehnungs-Verhaltens von Kernwindefäden gegeben werden. Der Einfluß der einzelnen Faserstoff- und Fadenparameter auf die Festigkeit des Fadens und das Gleitvermögen der Fasern soll herausgearbeitet und Aussagen über eine optimale Fadenkonstruktion sollen ermöglicht werden. Die Arbeit wurde als Vertragsforschung mit der VVB Wolle und Seide, Meerane, durchgeführt.

2. *Verzeichnis der Formelzeichen*

a	%	Prozentualer Masseanteil der Fasersorte A
a'	%	Prozentualer Volumenanteil der Fasersorte A
b	%	Prozentualer Masseanteil der Fasersorte B
b'	%	Prozentualer Volumenanteil der Fasersorte B
d_A	mm	Faserdurchmesser der Fasersorte A
d_B	mm	Faserdurchmesser der Fasersorte B
d_K	mm	Durchmesser der Fasern im Kern
d_M	mm	Durchmesser des Mantelfadens
E_F	p/mm²	Elastizitätsmodul der Faser (allgemein)
$\bar{E}_F$	p/mm²	Mittlerer Faserelastizitätsmodul
E_K	p/mm²	Elastizitätsmodul der Fasern im Kern
E_M	p/mm²	Elastizitätsmodul des Mantelfadens
F	mm²	Kernquerschnittsfläche
F_F	mm²	Faserquerschnittsfläche
F_M	mm²	Querschnittsfläche des Mantelfadens
k		Lufteinschlußfaktor im Fadenquerschnitt [2]
Δl	mm	Längenänderung von h bei Zugbelastung des Fadens (vgl. Bild 5)
l_F	mm	Länge der Fasern im Kern
l_M	mm	Länge des Mantelfadens für eine Schraubenwindung
Δl_M	mm	Längenänderung von l_M bei Zugbelastung des Kernwindefadens
l_x	mm	Länge vom Faserende aus betrachtet, oberhalb derer die Faser die gleiche Dehnung erfährt wie der Faden
m		Anzahl der Faserstoffarten im Mantel
n		Anzahl der Faserstoffgruppen im Kern
Nm_F	m/g	Feinheit des Kernwindefadens
Nm_K	m/g	Feinheit des Kernes eines Kernwindefadens
Nm_M	m/g	Feinheit des Mantels eines Kernwindefadens
Nm_{MF}	m/g	Feinheit des Mantelfadens
P	p	Zugkraft im Kernwindefaden
P_F	p	Zugkraft in der Faser (allgemein)
P_{F0}	p	Faserreißkraft
$\bar{P}_{F0}$	p	Mittlere Faserreißkraft
P_K	p	Zugkraft im Kern
P_M	p	Zugkraft im Mantel
P'_M	p	Zugkraft in Richtung der Mantelfadenachse
P_0	p	Reißkraft des Kernwindefadens
P_{K01}	p	Anteil der im Kern nicht gleitenden Fasern an der Gesamtreißkraft des Kernwindefadens
P_{K02}	p	Anteil der im Kern gleitenden Fasern an der Gesamtreißkraft des Kernwindefadens
P_{M0}	p	Anteil des Mantels an der Gesamtreißkraft des Kernwindefadens
p	p/mm²	Radialdruck vom Mantel auf die Kernoberfläche
R	mm	Kernradius
r	mm	Beliebiger Radius innerhalb des Kernquerschnittes von der Fadenachse ausgehend
s		Standardabweichung der Faserreißdehnung
T	Dr/m	Fadendrehung (Anzahl Umwindungen des Mantelfadens um den Kern auf einer Länge von einem Meter)
v	%	Variationskoeffizient der Faserreidßehnung
x		Anteil der Kernquerschnittsfläche, auf den σ_1 wirkt, d. h. auf dem die Fasern die gleiche Dehnung ε erhalten wie der Kernwindefaden
α_m		Drehungsgrad
β	°	Steigungswinkel des Mantelfadens (Bild 4)
β_K	°	Steigungswinkel des Mantelfadens für maximale Kernfestigkeit
β_0	°	Steigungswinkel des Mantelfadens für maximale Festigkeit des Kernwindefadens
β_1	°	Steigungswinkel des Mantelfadens für den Fall $l_x = l_F/2$
β_2	°	Steigungswinkel des Mantelfadens für den Fall, daß Mantelfaden und Kernfasern gleichzeitig die Reißdehnung erreichen
ε		Dehnung des Kernwindefadens
ε_F		Längsdehnung der Faser (allgemein)
ε_{F0}		Längsdehnung der Faser beim Reißen
$\bar{\varepsilon}_{F0}$		Mittlere Faserreißdehnung
ε_{K0}		Reißdehnung der Kernfasern
ε_M		Dehnung des Mantelfadens
ε_{M0}		Reißdehnung des Mantelfadens
ε_0		Reißdehnung des Kernwindefadens
μ		Reibungskoeffizient zwischen den Fasern im Kern
$\bar{\mu}$		Mittlerer Reibungskoeffizient zwischen den Fasern bei Faserstoffmischung
μ_A		Reibungskoeffizient zwischen den Fasern der Sorte A
μ_B		Reibungskoeffizient zwischen den Fasern der Sorte B
μ_{AB}		Reibungskoeffizient zwischen Fasern der Sorte A und denen der Sorte B
ϱ	g/cm³	Dichte des Faserstoffes
σ	p/mm²	Zugspannung im Kern

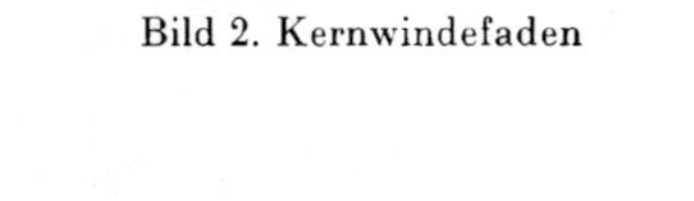

Bild 2. Kernwindefaden

σ_F	p/mm²	Zugspannung in der Faser
σ_{F0}	p/mm²	Zugspannung in der Faser beim Reißen
σ_{max}	p/mm²	Örtlich auftretende maximale Zugspannung im Kernquerschnitt
σ_1	p/mm²	Zugspannung im Kern für den Bereich der nichtgleitenden Fasern, d. h. für die Fasern, die die gleiche Dehnung ε erfahren wie der Faden
σ_2	p/mm²	Mittlere Zugspannung im Kern für den Bereich der gleitenden Fasern

3. Ableitung mathematischer Beziehungen für das Kraft-Dehnungs-Verhalten von Kernwindefäden bei Zugbelastung

3.1. Vorbetrachtungen

Um die Berechnungen in einem Rahmen zu halten, der am Ende noch überschaubar ist, andererseits jedoch den Einfluß der Hauptparameter genügend genau wiedergibt, ist es nötig, gleich zu Beginn die wirklichen Verhältnisse in einigen Punkten durch vereinfachende Näherungen zu ersetzen:

a) Die Fasern werden als zylindrische, homogene, gleichartige Körper mit kreisrundem Querschnitt angenommen.
b) Die Fasern liegen im Faden parallel zur Fadenachse und die Verteilung ist spinntechnisch ideal (vgl. auch Bild 7).
c) Die Faseranzahl wird als genügend groß vorausgesetzt, so daß über den Fadenquerschnitt integriert werden kann.
d) Aus Kraft-Dehnungs-Schaubildern von Faserstoffen ist zu ersehen, daß sich das Verhältnis $\sigma_F/\varepsilon_F = E_F$ von Punkt zu Punkt ändert.
Um lineare Rechenprobleme zu erhalten, wird das Verhältnis zwischen σ_F und ε_F konstant angenommen, wie es im Bereich der *Hooke*schen Gerade bei Metallen vorliegt. Der Elastizitätsmodul für den Faserstoff wird im Rahmen dieser Arbeit aus dem Verhältnis von Reißspannung und Reißdehnung gebildet (vgl. Bild 3).
Damit ergibt sich auch für den Kernwindefaden im Kraft-Dehnungs-Diagramm theoretisch eine Gerade. Die wirkliche Kraft-Dehnungs-Linie des Kernwindefadens wird demgegenüber einen Verlauf haben, der sich aus den einzelnen Kraft-Dehnungs-Linien der verwendeten Faserstoffe zusammensetzt bzw. derjenigen ähnlich ist, deren Faserstoff den Hauptanteil der Fadenzugkraft aufnimmt.
e) Die Querschnittsverminderung des Kernwindefadens infolge Längsdehnung wird in der Berechnung vernachlässigt. Damit der dadurch entstehende Fehler weitgehend verschwindet, wird bei der Ermittlung des Elastizitätsmoduls der Faserstoffe die Faserreißkraft zum unbelasteten Faserquerschnitt ins Verhältnis gesetzt.

3.2. Die Gleichungen für das Kraft-Dehnungs-Verhalten von Kernwindefäden

Die Zugkraft im Kernwindefaden setzt sich zusammen aus dem Anteil im Kern und dem im Mantel:

$$P = P_K + P_M.$$

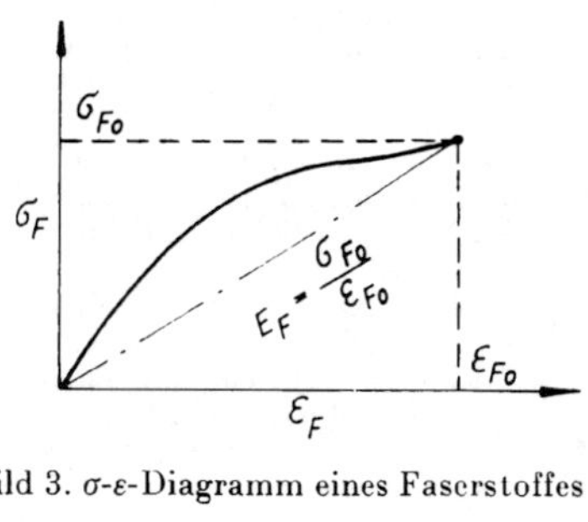

Bild 3. σ-ε-Diagramm eines Faserstoffes

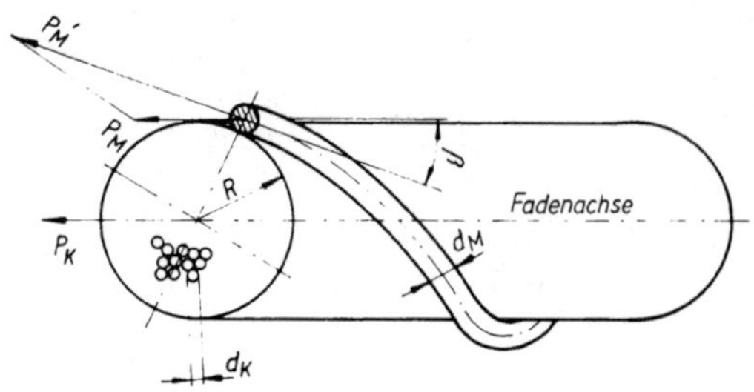

Bild 4. Kraftverhältnisse am Kernwindefaden

Der Kraftanteil des Mantels kann näherungsweise wie folgt angesetzt werden (vgl. Bild 4):

$$P_M = P_M' \cos\beta .$$

Unter der Voraussetzung, daß d_M wesentlich kleiner ist als R und bei Vernachlässigung der Steigungswinkeländerung infolge Dehnung folgt:

$$P_M' = \varepsilon_M E_M F_M ,$$

$$\varepsilon_M = \frac{\Delta l_M}{l_M} = \frac{\Delta l \cos\beta}{\left(\frac{1}{T}\right)\frac{1}{\cos\beta}} \qquad \text{(vgl. Bild 5)}$$

$$\varepsilon_M = \varepsilon \cos^2\beta ,$$

$$F_M = \pi \left(\frac{d_M}{2}\right)^2 .$$

Dann folgt:

$$P_M = E_M \varepsilon \cos^3\beta \pi \left(\frac{d_M}{2}\right)^2 . \qquad (1)$$

Für den Kern gilt:

$$P_K = \int_F \sigma dF .$$

Als dF wird eine schmale Kreisringfläche angesetzt mit

$$dF = 2\pi r\, dr \quad \text{(vgl. Bild 6)}.$$

Die Spannung σ, die prinzipiell die Summe der auf dF wirkenden Faserkräfte pro dF darstellt, wird gedanklich in zwei Teile zerlegt:

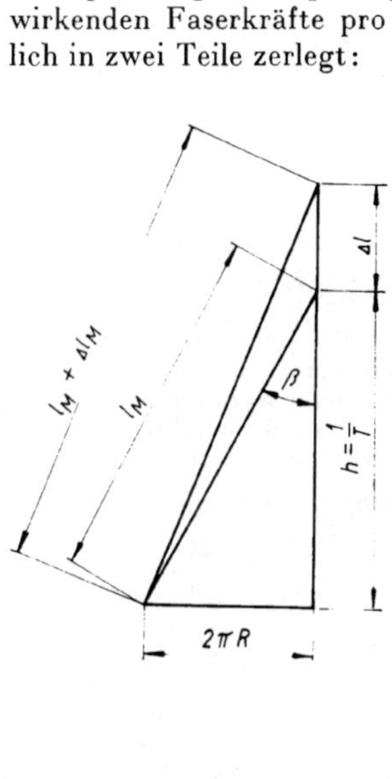

Bild 5
Zusammenhang zwischen der Dehnung des Kernwindefadens und der des Mantelfadens

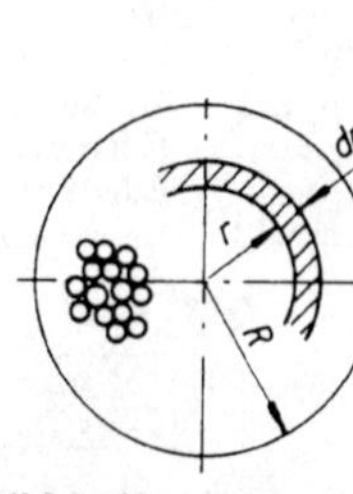

Bild 6. Kernquerschnitt

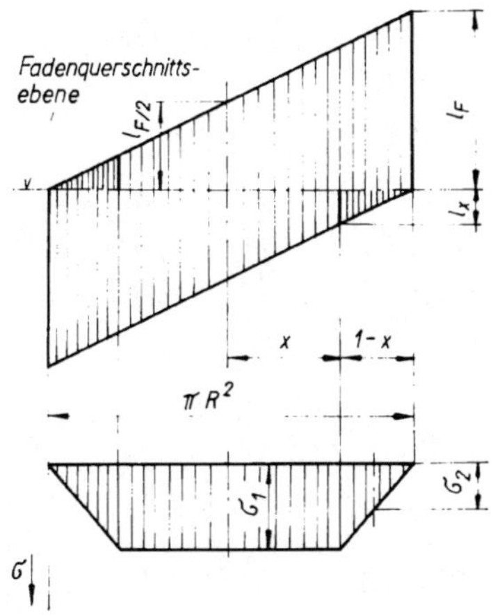

Bild 7. Idealisierte Faserverteilung im Kern und die daraus folgenden Spannungsverhältnisse

σ_1 Zugspannung im Kern für den Bereich der Fasern, die die gleiche Dehnung ε erfahren wie der Kernwindefaden, d. h. für den Bereich der nichtgleitenden Fasern,

und σ_2 mittlere Zugspannung im Kern für den Bereich der Fasern, die weniger als ε gedehnt werden, d. h. für den Bereich der gleitenden Fasern.

Dann ist $\sigma_1 = E_K \varepsilon$.

σ_2 ändert sich zwischen den einzelnen Fasern und hängt davon ab, wie weit das betreffende Faserende von der betrachteten Fadenquerschnittsstelle aus entfernt ist. Für Fasern konstanter Länge, was für alle Chemiefasern zutrifft, gelten die im Bild 7 dargestellten Verhältnisse. Dabei wird eine Vereinfachung getroffen, indem davon ausgegangen wird, daß jeder Punkt eines gleitenden Faserteiles bei Dehnung des Fadens relativ zu den umgebenden Fasern eine Bewegung in Richtung zur Fasermitte ausführt. Das trifft streng genommen nicht vollständig zu, was bereits in [1] dargelegt wurde. Obwohl in [1] die Verhältnisse eines normal gedrehten Garnes behandelt werden, gilt dieser Punkt analog auch für das hier vorliegende Problem. Besonders dann, wenn relativ viele Fasern am Gleiten gehindert sind, kann diese Näherung akzeptiert werden.

Es ergibt sich daraus für σ_2, da es proportional zur Faserlänge zwischen der betrachteten Schnittstelle und dem Faserende ist, eine mittlere Spannung mit

$$\sigma_2 = \frac{\sigma_1}{2}.$$

Das setzt voraus, daß die Faser lang genug ist und nicht in der gesamten Länge gleiten kann.

Schließlich werden die beiden Spannungsbereiche zusammengefaßt unter Berücksichtigung der prozentualen Anteile von dF, auf die sie wirken.

Es ist

$$\sigma = [\sigma_1 x + \sigma_2 (1 - x)] \frac{1}{k}.$$

Darin ist x der Anteil von dF, auf dem σ_1 wirkt (vgl. Bild 7). Der Faktor k berücksichtigt die Lufteinschlüsse zwischen den Fasern (vgl. hierzu [2]).

Aus Bild 7 ist abzulesen:

$$\frac{1 - x}{1} = \frac{l_x}{l_F/2}, \qquad x = 1 - 2\,\frac{l_x}{l_F}.$$

Es ist nun noch nötig, die Abhängigkeit der Faserlänge l_x von den gegebenen Faserstoff- und Fadenparametern mathematisch zu erfassen. l_x ist die Länge, vom Faserende aus gemessen, von der an die Faser die gleiche Dehnung wie der Faden erfährt, während im Abschnitt zwischen l_x und dem Faserende die Dehnung der Faser kleiner ist als die des Fadens, und zwar proportional zum Abstand vom Faserende.

Bei Dehnung des Kernwindefadens entsteht vom Mantel aus ein Radialdruck auf den Kern. Dadurch werden Querkräfte auf die Fasern ausgeübt, die ein widerstandsloses Auseinandergleiten derselben verhindern.

Die Radialkraft vom Mantel auf den Kern, bezogen auf die Kernoberfläche, ist

$$p = \frac{P_M}{\cos\beta} \left[\frac{1}{R(1 + \cot^2\beta)}\right] \frac{1}{T\cos\beta} \left(\frac{T}{2\pi R}\right).$$

Dabei entspricht

$\frac{P_M}{\cos\beta}$	der Kraft im Mantelfaden,
$R(1 + \cot^2\beta)$	dem Krümmungsradius der Schraubenlinie des Mantelfadens,
$\frac{1}{T\cos\beta}$	der Länge einer Windung des Mantelfadens und
$\frac{2\pi R}{T}$	der Mantelfläche des Kernes für die Länge einer Windung des Mantelfadens.

Nach Einsetzen von P_M gemäß Gleichung (1) folgt:

$$p = \frac{\varepsilon E_M d_M^2 \sin^2\beta\cos\beta}{8R^2}.$$

Dieser Druck wirkt in bestimmter Weise radial auf alle Fasern, so daß diese einem Auseinanderziehen Reibkräfte entgegensetzen.

Eine genaue Analyse, in welcher Höhe der Druck auf die Fasern wirkt, wird in dieser Arbeit nicht gegeben.

Versuche[2]), die zur Annäherung an diese Problematik durchgeführt wurden, zeigten unter anderem folgendes:

a) Ein Bündel aus gleichen, zylindrischen, geraden, festen Körpern, die durch gespannte Gummiringe zusammengehalten werden (vgl. Bild 8), bildet, im Querschnitt betrachtet, keinen Kreis, sondern ein Vieleck, wobei beim durchgeführten Versuch die Vieleckseiten aus 3 bis 4 Zylindern gebildet werden.

[2]) Bei den Versuchen wurden 40 Bleistifte mit runden Querschnitten mittels verschieden breiten Gummiringen gebündelt. Dieses Modell entspricht mechanisch weitestgehend den speziellen Verhältnissen beim Kernwindefaden. Mit Hilfe einer Federwaage und einer geeigneten Befestigungsvorrichtung wurden nacheinander verschiedene Bleistifte herausgezogen. Die Herausziehkräfte wurden gemessen. Dabei stand das Bleistiftbündel auf einer Metallplatte mit einer Aussparung für den jeweils herauszuziehenden Bleistift.

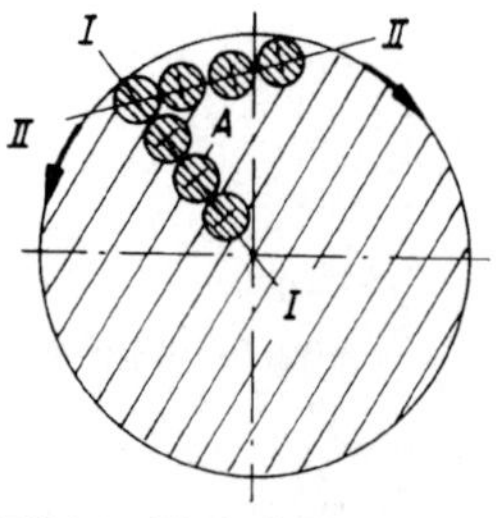

Bild 8. Verhältnisse am vergrößerten Modell eines Kernwindefadens

b) Beim Herausziehen einzelner zylindrischer Stäbe aus dem Bündel konnte keine Tendenz der Herausziehkraft im Hinblick auf die Entfernung des jeweiligen Stabes vom Bündelmittelpunkt festgestellt werden.

c) Es wurden innerhalb des Bündelquerschnittes Zentren festgestellt, aus denen die Stäbe mit einer relativ geringen Kraft (Gebiet um A im Bild 8) und solche, aus denen die Stäbe mit einer relativ großen Kraft herausgezogen werden konnten (etwa auf der Gerade $\overline{\text{II}}$ im Bild 8).

d) Die mittlere Herausziehkraft der Stäbe in Relation zu den umschlingenden Kräften durch die Gummiringe entsprach etwa dem durch die nachfolgende Näherung gegebenen Sachverhalt.

Beim Kernwindefaden wird für die weitere Berechnung jede Faser im Kern auf ihrer gesamten Oberfläche mit dem durch den Mantel hervorgerufenen Druck p belastet (hydraulisches Analogiemodell). Die maximale Fasergleitlänge im Kern ergibt sich dann durch Gleichsetzen der Faserspannung bei voller Dehnung ε mit der durch die Reibung an einem Faserende von der Länge l_x hervorgerufenen Spannung.

$$E_K \varepsilon = \frac{p\, l_x\, d_K\, \pi \mu}{\pi \frac{d_K^2}{4}}$$

$$l_x = \frac{\varepsilon E_K d_K}{4 p \mu},$$

$$l_x = \frac{2 E_K d_K R^2}{E_M d_M^2 \mu \sin^2 \beta \cos \beta}. \tag{2}$$

$l_x = l_F/2$ stellt einen Grenzfall dar, der von besonderer Bedeutung ist. Praktisch bedeutet das, daß für $l_x > l_F/2$ alle Fasern weniger gedehnt werden als der Kernwindefaden, d. h. gleiten können, während für $l_x < l_F/2$ ein Teil der Fasern im Faden nicht gleiten kann, sondern die gleiche Dehnung wie dieser erhält. Für die Berechnung ergeben sich zwei Beziehungen, für $l_x \geqq l_F/2$ und für $l_x \leqq l_F/2$, da $l_x = l_F/2$ mathematisch einer Unstetigkeitsstelle entspricht.

Für $l_x \leqq l_F/2$ folgt:

$$P_K = \frac{1}{k} \int_0^R \left[E_K \varepsilon \left(1 - 2 \frac{2 E_K d_K R^2}{l_F E_M d_M^2 \mu \sin^2 \beta \cos \beta}\right) + \left(\frac{E_K \varepsilon}{2}\right) \frac{4 E_K d_K R^2}{l_F E_M d_M^2 \mu \sin^2 \beta \cos \beta} \right] 2 \pi r\, dr,$$

$$P_K = \varepsilon \frac{\pi R^2 E_K}{k} \left(1 - \frac{2 E_K d_K R^2}{l_F E_M d_M^2 \mu \sin^2 \beta \cos \beta}\right). \tag{3}$$

Für $l_x \geqq l_F/2$ (x = 0, vgl. Bild 7) folgt:

$$\sigma = \frac{\sigma_{\max}}{2},$$

$$\sigma = \frac{P \frac{l_F}{2} d_K \pi \mu}{2\pi \frac{d_K^2}{4}} \left(\frac{1}{k}\right) = p \frac{l_F \mu}{d_K k},$$

$$P_K = \frac{1}{k} \int_0^R \frac{\varepsilon E_M d_M^2 \sin^2 \beta \cos\beta}{8 R^2} \left(\frac{l_F \mu}{d_K}\right) 2 \pi r\, dr,$$

$$P_K = \varepsilon \frac{\pi E_M d_M^2 l_F \mu}{8 k\, d_K} \sin^2 \beta \cos \beta. \tag{4}$$

Als Gesamtkraft für den Kernwindefaden in Abhängigkeit von der Dehnung folgt:

für $l_x \leqq l_F/2$

$$P = \varepsilon \left[\frac{\pi}{4} E_M d_M^2 \cos^3 \beta + \frac{\pi}{k} E_K R^2 \times \left(1 - \frac{2 E_K d_K R^2}{l_F \mu E_M d_M^2 \sin^2 \beta \cos \beta}\right)\right] \tag{5}$$

und für $l_x \geqq l_F/2$

$$P = \varepsilon \left(\frac{\pi}{4} E_M d_M^2 \cos^3 \beta + \frac{\pi E_M d_M^2 l_F \mu}{8 k\, d_K} \sin^2 \beta \cos \beta \right). \tag{6}$$

3.3. Die Reißkraft von Kernwindefäden

3.3.1. Die Verhältnisse beim Reißen von Kernwindefäden, wie sie sich infolge der im Abschnitt 3.1 getroffenen Näherungen ergeben

Bei einer bestimmten Höhe der Fadendehnung tritt der Bruch ein, entweder dadurch, daß die Reißdehnung des Mantels oder die der Kernfasern überschritten wird. Im Sonderfall werden beide gleichzeitig erreicht.

Tritt der Bruch des Fadens durch Überschreiten der Mantelreißdehnung ein, so sind die Verhältnisse einfach. Ist der Mantel gerissen, so haben die Fasern im Kern keinen Zusammenhalt mehr und die Festigkeit des Kernwindefadens sinkt augenblicklich auf Null.

Wird die Festigkeit des Kernwindefadens jedoch durch die Reißdehnung der Kernfasern begrenzt, so sind die Vorgänge beim Bruch des Fadens komplizierter. Bei einem auf Zug beanspruchten Fadenstück wird es immer eine Stelle geben, die örtlich mehr gedehnt wird als das gesamte Fadenstück. Da ein idealer Fadenaufbau für die Berechnung vorausgesetzt wird, kann man sich diese örtliche Abweichung an der betreffenden Stelle beliebig klein vorstellen. Reißen nun bei einer bestimmten Dehnung an dieser Stelle eine bestimmte Anzahl Kernfasern im Querschnitt, so wird dort augenblicklich die örtliche Dehnung größer. Dies geschieht bei aufgebrachter definierter Fadendehnung durch Zusammenziehung der ungeschwächten Fadenstellen und bei vorliegender definierter Fadenzugkraft durch Längung des Fadens. Durch diese örtliche Dehnungserhöhung wird aber die betreffende Fadenstelle durch Auseinandergleiten und Reißen weiterer Fasern wiederum geschwächt, was erneut zu örtlicher Dehnungserhöhung führt usw. Haben alle Fasern die gleiche

Reißdehnung, wie im Abschnitt 3.1 angenommen wird, so ergibt sich beim Reißen der ersten Kernfasern an der entsprechenden Fadenstelle eine Kettenreaktion, die sofort zum Bruch des Fadens führt.

Die Reißfestigkeit eines Kernwindefadens kann danach aus den Gleichungen (5) oder (6) berechnet werden, wenn für ε die jeweils begrenzende Dehnung eingesetzt wird. Bei der Gleichung (5), d. h., wenn $l_x \leqq l_F/2$ ist, wird für die Reißdehnung des Kernwindefadens (ε_0) der kleinere der beiden Werte

$$\text{a) } \varepsilon_0 = \varepsilon_{K0} \tag{7}$$

oder

$$\text{b) } \varepsilon_0 = \varepsilon_{M0} \frac{1}{\cos^2 \beta} \tag{8}$$

zur Berechnung der Garnreißfestigkeit verwendet.

Ist $l_x \geqq l_F/2$, so gilt Gleichung (6), wobei hier für $\varepsilon = \varepsilon_0$ der kleinere von folgenden Werten

$$\text{a) } \varepsilon_0 = \varepsilon_{K0} \frac{4 R^2 E_K d_K}{l_F \mu E_M d_M^2 \sin^2 \beta \cos \beta} \tag{9}$$

oder

$$\text{b) } \varepsilon_0 = \varepsilon_{M0} \frac{1}{\cos^2 \beta} \tag{10}$$

(≙ Gl. (8))

für die Ermittlung der Reißkraft eingesetzt wird.

Die Reißdehnung des Kernwindefadens ergibt sich unter a) aus der Dehnung des Fadens beim Reißen der ersten Kernfasern (Gleichungen (7) und (9)) und unter b) aus der Dehnung des Fadens beim Reißen des Mantels (Gleichungen (8) und (10)).

Diese Darlegungen gelten nur unter den im Abschnitt 3.1 genannten Idealisierungen.

3.3.2. *Die Reißkraft von Kernwindefäden in Abhängigkeit von der Drehung*

Als Maß für die Fadendrehung wird im folgenden stets der Steigungswinkel β gemäß Bild 4 benutzt. Die Umrechnung in T [Dr/m] geschieht nach der Beziehung $\tan \beta = 2\pi RT$ (vgl. Bild 5).

Der Fadenradius R wird im Rahmen dieser Arbeit ermittelt mit

$$R = 1{,}13 \sqrt{\frac{1}{\pi \,\text{Nm}\, \varrho}}. \qquad \text{(vgl. [2])}$$

Die Abhängigkeit der Fadenreißkraft P_0 von der Drehung, d. h. vom Steigungswinkel β des Mantelfadens, zeigt nach der theoretischen Ableitung im Normalfall zwei Unstetigkeitsstellen. Eine davon trat bereits in Erscheinung und wird hervorgerufen durch die Tatsache, daß die ersten Fasern im Querschnitt relativ zum Faden als Gesamtheit nicht mehr gleiten können, sondern die gleiche Dehnung wie der Kernwindefaden erfahren. Der Steigungswinkel, bei dem dieser Zustand eintritt, wird mit β_1 bezeichnet. Für β_1 ist dann $l_x = l_F/2$. β_1 ist bestimmt durch die Gleichung

$$\sin^2 \beta_1 \cos \beta_1 = \frac{4 E_K d_K R^2}{l_F E_M d_M^2 \mu} = f(\beta_1), \tag{11}$$

die durch Einsetzen von $l_x = l_F/2$ in Gleichung (2) folgt. Im Bereich $\beta \leqq \beta_1$ gilt Gleichung (6) und für

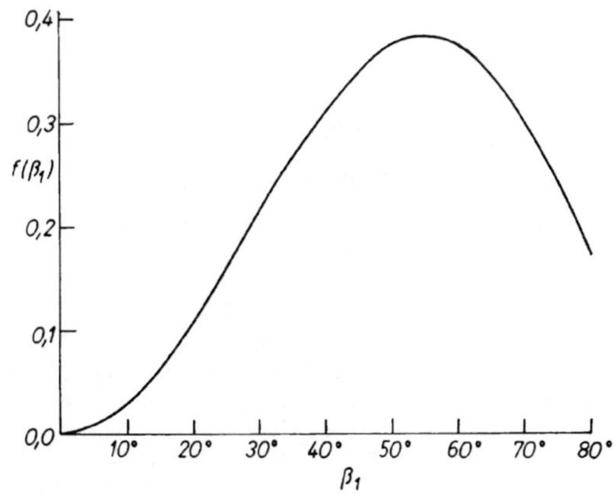

Bild 9. Abhängigkeit der Funktion $f(\beta_1)$ von β_1

$\beta \geqq \beta_1$ Gleichung (5). Es wird hierbei betont, daß die Vorgänge für $\beta > \beta_K$, wo β_K den Steigungswinkel für maximale Kernfestigkeit darstellt, keinerlei praktische Bedeutung haben und im folgenden nicht erörtert werden, obwohl die mathematischen Beziehungen sie enthalten. Aus Bild 9 kann β_1 für berechnete $f(\beta_1)$ leicht abgelesen werden.

Die zweite Unstetigkeitsstelle ist durch die Faserstoffreißdehnungen gegeben. Die Reißdehnung des Kernwindefadens wird bis zu einem bestimmten Steigungswinkel, der mit β_2 bezeichnet wird, durch die Reißdehnung des Mantelfadens und ab β_2 durch die Reißdehnung der Kernfasern bestimmt (vgl. auch Bild 11 und 12). Es sei hier nur der Vollständigkeit halber erwähnt, daß die übrigen Faserstoff- und Fadenparameter (E, d, μ, R, l_F) prinzipiell auch solche Werte haben können, die im Bereich zwischen $\beta = 0$ bis 90° die eine oder andere Unstetigkeitsstelle nicht auftreten lassen. Beispielsweise könnte bei sehr kurzer Länge der Kernfasern l_x immer größer sein als $l_F/2$. Den Steigungswinkel β_2 erhält man durch Gleichsetzen der Gleichungen (7) und (8) bzw. (9) und (10). Für den Fall $\beta_2 < \beta_1$, d. h. $\varepsilon_{M0} > \varepsilon_{K0} \cos^2 \beta_1$, ist β_2 bestimmt

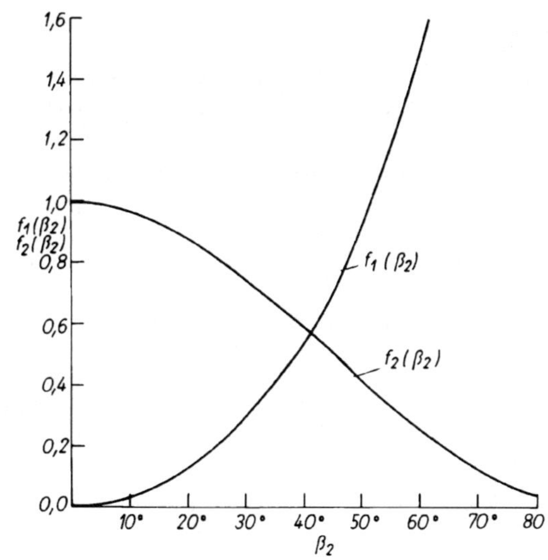

Bild 10. Abhängigkeit der Funktionen $f_1(\beta_2)$ und $f_2(\beta_2)$ von β_2

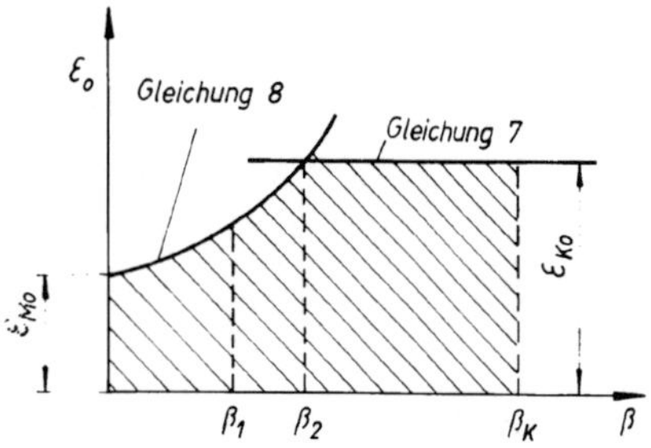

Bild 11. Schematische Darstellung der Reißdehnung des Kernwindefadens in Abhängigkeit vom Steigungswinkel des Mantelfadens für den Fall, daß $\varepsilon_{M0} < \varepsilon_{K0} \cos^2 \beta_1$, d. h. $\beta_2 > \beta_1$ ist

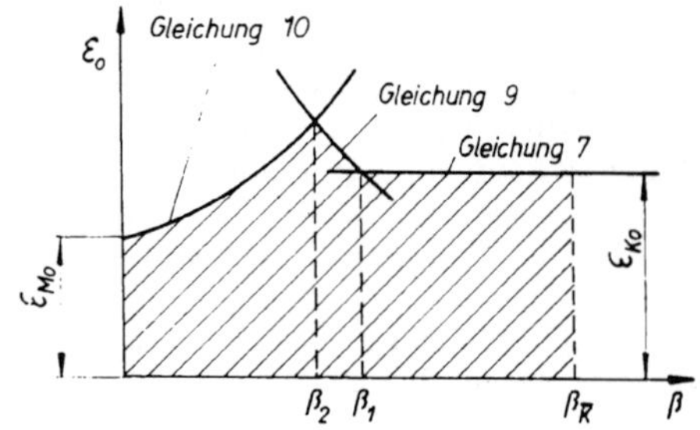

Bild 12. Schematische Darstellung der Reißdehnung des Kernwindefadens in Abhängigkeit vom Steigungswinkel des Mantelfadens für den Fall, daß $\varepsilon_{M0} > \varepsilon_{K0} \cos^2 \beta_1$, d. h. $\beta_2 < \beta_1$ ist

durch die Beziehung

$$\frac{\sin^2 \beta_2}{\cos \beta_2} = \frac{\varepsilon_{K0}}{\varepsilon_{M0}} \left(\frac{4 R^2 E_K d_K}{\mu l_F E_M d_M^2} \right) = f_1(\beta_2), \tag{12}$$

und für den Fall $\beta_2 > \beta_1$, d. h. $\varepsilon_{M0} < \varepsilon_{K0} \cos^2 \beta_1$ ist β_2 bestimmt durch die Gleichung

$$\cos^2 \beta_2 = \frac{\varepsilon_{M0}}{\varepsilon_{K0}} = f_2(\beta_2). \tag{13}$$

Im Bild 10 kann aus der berechneten Funktion $f_1(\beta_2)$ bzw. $f_2(\beta_2)$ der zugehörige Winkel β_2 leicht abgelesen werden.

Die Bilder 11 und 12 sollen lediglich die prinzipielle Begrenzung der Fadendehnung durch die Reißdehnung des Mantel- bzw. Kernfasersoffes zeigen und das vorher mathematisch Formulierte veranschaulichen helfen. Die Schraffur in diesen Bildern zeigt den Verlauf von ε_0 in Abhängigkeit von β.

Aus dem Dargelegten ist zu ersehen, daß zur vollständigen mathematischen Beschreibung der Reißkraft von Kernwindefäden vier Beziehungen nötig sind. Diese gewinnt man durch Einsetzen der Gleichungen (7) und (8) in Gleichung (5) sowie der Gleichungen (9) und (10) in Gleichung (6).

Für $l_x > l_F/2$ ist

$$P_0 = \varepsilon_{M0} \left[\frac{\pi}{4} E_M d_M^2 \cos \beta + \frac{\pi E_M d_M^2 l_F \mu}{8 k\, d_K} \left(\frac{\sin^2 \beta}{\cos \beta} \right) \right], \tag{14}$$

$$P_0 = \varepsilon_{K0} \left[\frac{\pi E_K d_K R^2}{l_F \mu} \left(\frac{\cos^2 \beta}{\sin^2 \beta} \right) + \frac{\pi E_K R^2}{2k} \right] \tag{15}$$

Für $l_x \leqq l_F/2$ ist

$$P_0 = \varepsilon_{M0} \left[\frac{\pi}{4} E_M d_M^2 \cos \beta + \frac{\pi}{k} E_K R^2 \times \left(1 - \frac{2 E_K d_K R^2}{l_F E_M d_M^2 \mu \sin^2 \beta \cos^3 \beta} \right) \right], \tag{16}$$

$$P_0 = \varepsilon_{K0} \left[\frac{\pi}{4} E_M d_M^2 \cos^3 \beta + \frac{\pi}{k} E_K R^2 \times \left(1 - \frac{2 E_K d_K R^2}{l_F E_M d_M^2 \mu \sin^2 \beta \cos \beta} \right) \right]. \tag{17}$$

Die Reißkraft eines Kernwindefadens in Abhängigkeit vom Steigungswinkel β ist durch drei der vier Gleichungen (14) bis (17) vollständig erfaßt, für $\beta_2 > \beta_1$ durch die Gleichungen (14), (16) und (17) und für $\beta_1 > \beta_2$ durch die Gleichungen (14), (15) und (17).

Der Geltungsbereich der einzelnen Gleichungen ist:

Gl. (14) für $\beta < \beta_1$ und $\beta < \beta_2$,

Gl. (15) für $\beta < \beta_1$ und $\beta > \beta_2$,

Gl. (16) für $\beta > \beta_1$ und $\beta < \beta_2$,

Gl. (17) für $\beta > \beta_1$ und $\beta > \beta_2$.

3.3.3. *Die Drehung bei Kernwindefäden für maximale Festigkeit*

Während der Mantel die größte Tragfähigkeit bei $\beta = 0°$, d. h. im gestreckten Zustand hat, wird der Kern bei einem bestimmten Steigungswinkel β_K seine größte Zugfestigkeit besitzen. Zwischen den Steigungswinkeln 0° und β_K wird es einen Winkel β_0 geben, für den die Reißkraft des Kernwindefadens maximal ist. Man erhält diesen Winkel β_0, indem die in Frage kommenden Gleichungen (14), (15), (16) oder (17) partiell nach β differenziert und die Ergebnisse gleich Null gesetzt werden. Es ist prinzipiell noch möglich, daß die maximale Reißfestigkeit in eine Unstetigkeitsstelle (z. B. β_2) fällt, was leicht berechnet werden kann. Eine Einengung der Bereiche für die Ermittlung von β_0 ergibt sich dadurch, daß die Gleichungen (14) und (15) normalerweise ausscheiden.

Gleichung (14) ergibt nur bei Parametern, die weit außerhalb des Normalen liegen, einen Extremwert zwischen $\beta = 0$ bis 90°, da

$$\frac{\partial P_0}{\partial \beta} = 0$$

die Lösung

$$\frac{4 k\, d_K}{l_F \mu} - 2 = \tan^2 \beta$$

ergibt. Die Gleichung (15) ergibt im Bereich $\beta = 0$ bis 90° prinzipiell keinen Extremwert.

In den allermeisten Fällen wird $\beta_0 > \beta_1$ sein, wie auch aus den nachfolgend berechneten Beispielen ersichtlich ist. Es ist in diesem Fall der Extremwert für P_0 aus Gleichung (16) oder (17) zu berechnen.

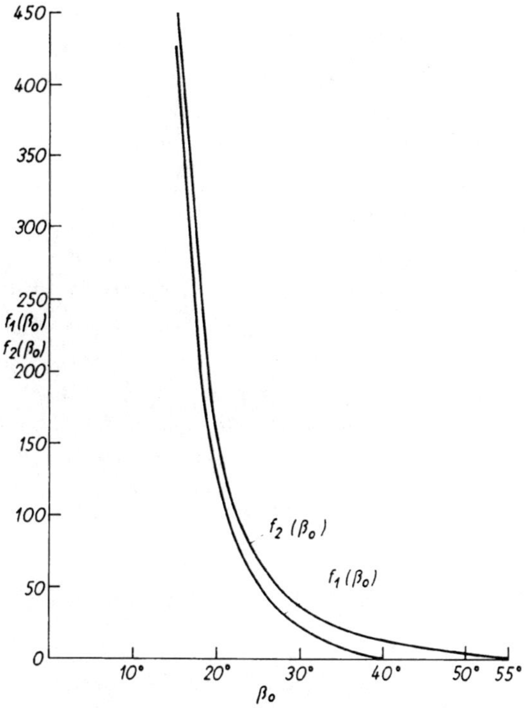

Bild 13. Abhängigkeit der Funktion $f_1(\beta_0)$ und $f_2(\beta_0)$ von β_0

Aus Gleichung 16 folgt:

$$\frac{\partial P_0}{\partial \beta} = 0 = \varepsilon_{M_0}\left[\frac{\pi}{4} E_M d_M^2 (-\sin\beta_0) - \frac{2\pi E_K^2 R^4 d_K}{k l_F E_M d_M^2 \mu} \times\left(\frac{-2\sin\beta_0\cos^4\beta_0 - 3\cos^2\beta_0(-\sin^3\beta_0)}{\sin^4\beta_0\cos^6\beta_0}\right)\right],$$

$$\frac{k E_M^2 d_M^4 l_F \mu}{8 E_K^2 d_K R^4} = \frac{2\cos^2\beta_0 - 3\sin^2\beta_0}{\sin^4\beta_0\cos^4\beta_0} = f_1(\beta_0). \quad (18)$$

Aus Gleichung (17) folgt:

$$\frac{\partial P_0}{\partial \beta} = 0 = \varepsilon_{K0}\left[\frac{\pi}{4} E_M d_M^2\, 3\cos^2\beta_0 (-\sin\beta_0) - \frac{\pi\, 2 E_K^2 d_K R^4}{k l_F E_M d_M^2 \mu}\left(\frac{-2\sin\beta_0\cos^2\beta_0 + \sin^3\beta_0}{\sin^4\beta_0\cos^2\beta_0}\right)\right],$$

$$\frac{3 k E_M^2 d_M^4 l_F \mu}{8 E_K^2 d_K R^4} = \frac{2\cos^2\beta_0 - \sin^2\beta_0}{\sin^4\beta_0\cos^4\beta_0} = f_2(\beta_0). \quad (19)$$

Im Bild 13 sind die Funktionen $f_1(\beta_0)$ und $f_2(\beta_0)$ aufgetragen, so daß bei gegebenen Faden- und Faserparametern β_0 für maximale Festigkeit des Kernwindefadens abgelesen werden kann. Vorher ist jedoch der Geltungsbereich der Gleichungen (18) und (19) durch Berechnung von β_2 aus Gleichung (13) festzustellen.

Abschließend soll einmal der Steigungswinkel β_K berechnet werden, bei dem der Kern seine maximale Festigkeit erreicht. Für den Fall $\beta_K > \beta_1$ und $> \beta_2$, der in den allermeisten Fällen vorliegen wird, folgt aus Gleichung (17), indem dort der Anteil des Mantels an P_0 gleich Null gesetzt wird:

$$\frac{\partial P_0}{\partial \beta} = 0 = -\left[\frac{-(2\sin\beta_K\cos^3\beta_K - \sin^3\beta_K)}{\sin^4\beta_K\cos^2\beta_K}\right];$$

daraus ergibt sich:

$$\tan\beta_K = \sqrt{2} \quad \text{und} \quad \beta_K = 54{,}7°.$$

Das bedeutet, daß der Kern seine maximale Festigkeit bei einem Steigungswinkel des Mantelfadens von 54,7° besitzt, wenn $l_x \leqq l_F/2$ ist und die Reißdehnung des Kernfaserstoffes früher erreicht ist als die des Mantelfaserstoffes, was bei der Größe von β_K für die gebräuchlichen Faserstoffe stets gegeben sein dürfte.

3.4. *Die Verhältnisse bei Faserstoffmischungen*

Während bei einer gleichzeitigen Verwendung von verschiedenen Mantelfaserstoffen nur die unterschiedlichen E_F- und E_{F0}-Werte in der Berechnung zu berücksichtigen sind, können bei unterschiedlichen Fasern im Kern die Parameter E_F, ε_{K_0}, d_K, μ_K, l_F und ϱ variieren, die alle in die Rechnung eingehen. Da meist nicht mehr als 2- oder 3-Fasermischungen vorkommen und nicht unbedingt alle Parameter wesentlich voneinander abweichen, ist eine Berechnung mit erträglichem Aufwand prinzipiell möglich. Dabei ist es jedoch zweckmäßig, mit einem einheitlichen Reibungskoeffizienten zu rechnen, der etwa einen Mittelwert der Einzelreibungskoeffizienten darstellt bzw. dem des größeren prozentualen Faseranteiles näherliegt. Anderenfalls wird der Rechenaufwand erheblich, was bei der Unsicherheit der Reibungskoeffizientenermittlung unangebracht ist. Die exakte theoretische Bestimmung eines Reibungskoeffizienten, der die Verhältnisse beispielsweise bei einer Zweifasermischung repräsentativ wiedergibt, würde zu folgender Funktion führen:

$$\bar{\mu} = f(\mu_A, \mu_B, \mu_{AB}, a/b, d_A, d_B).$$

Mit den Gesetzen der Wahrscheinlichkeitsrechnung ist dabei zu ermitteln, wie sich die Gesamtberührungen der Fasern aufteilen in Berührungen der Fasern A miteinander, der Fasern B miteinander und der Fasern A mit B. Das ist stark abhängig vom prozentualen Anteil der Faserarten A und B sowie auch von den Faserfeinheiten, sofern diese unterschiedlich sind.

Allgemein gilt bei Verwendung von Faserstoffen mit unterschiedlichen Parametern:

$$P = \sum_{i=1}^{m} P_{Mi} + \sum_{i=1}^{n} P_{Ki}.$$

m ist die Zahl der Faserstoffgruppen im Mantel, die sich mindestens in einem der Parameter E_F und ε_{F_0} voneinander unterscheiden, während n die Zahl der Faserstoffgruppen im Kern ist, bei denen mindestens einer der Parameter E_F, ε_{K_0}, d_K, l_F und ϱ unterschiedlich ist. Als Beispiel sei nachfolgend für eine Zweifasermischung im Kern bei $l_x \leqq l_F/2$ das Kraft-Dehnungs-Verhalten des Kernwindefadens dargestellt:

Ist a der Masseprozentsatz der Faserkomponente A und b der der Komponente B, so folgt für die Flächenanteile im Garnquerschnitt aus

$$\frac{a'}{b'} = \frac{\varrho_B\, a}{\varrho_A\, b}$$

und

$$a + b = a' + b' = 1$$

$$a' = \frac{1}{\frac{\varrho_A b}{\varrho_B a} + 1}$$

und

$$b' = \frac{1}{\frac{\varrho_B a}{\varrho_A b} + 1}.$$

Dann ergibt sich gemäß der Ableitung von Gleichung (5) unter Beachtung der beiden Faserkomponenten A und B:

$$P = \varepsilon \left[\frac{\pi}{4} E_M d_M^2 \cos^3 \beta + \left(\frac{1}{\frac{\varrho_A b}{\varrho_B a} + 1} \right) \frac{\pi}{k} E_{KA} R^2 \times \left(1 - \frac{2 E_{KA} d_{KA} R^2}{l_{FA} E_M d_M^2 \bar{\mu} \sin^2 \beta \cos \beta} \right) + \left(\frac{1}{\frac{\varrho_B a}{\varrho_A b} + 1} \right) \frac{\pi}{k} E_{KB} R^2 \left(1 - \frac{2 E_{KB} d_{KB} R^2}{l_{FB} E_M d_M^2 \bar{\mu} \sin^2 \beta \cos \beta} \right) \right]. \quad (20)$$

Bei Naturfasern kann für die Faserlänge näherungsweise die mittlere Faserlänge für die Berechnung verwendet werden.

Schluß folgt in Heft 12.

Eingegangen am 25. April 1968

Kurze Mitteilungen[1]

Zur Definition der Reißlänge eines Fadens

DK 677-042.2:620.172.222

Einleitung

In der TGL 0-53816 (Zugversuch an Einzelfasern, Haaren und Borsten) bzw. in der TGL-53834 (Zugversuch an Fäden) wird bei den Rechenbeispielen für die Bestimmung der Reißlänge aus der Reißkraft und der Feinheit eine Zahlenwertgleichung angeführt, in der ein Faktor

$$C = \frac{g_{\log}}{g_n} \cdot \frac{p}{g} \quad (1)$$

mit angegeben ist. Zur Begründung dieses Faktors wird in den o. g. TGLs ausgeführt, daß der eingebürgerte Begriff der Reißlänge mit der Einheit „km" auch nach Einführung der Einheit „pond" für die Kraft im technischen Maßsystem beibehalten werden sollte.

Nachfolgend wird gezeigt, daß dieser Faktor überflüssig ist, wenn die Größengleichung für die Reißlänge nur richtig geschrieben wird [1, 2]. Das gleiche gilt auch für die feinheitsbezogene Reißkraft.

Bezeichnungen

F = Querschnittsfläche des Fadens
$g = g_{\log}$ = Fallbeschleunigung am Ort der Prüfung
g_n = Normfallbeschleunigung
G_R = Gewicht des Fadens bei der Reißlänge R
L = Länge des Fadens mit der Masse m
m = Masse des Fadens
m_R = Masse des Fadens bei der Reißlänge R
$N = \frac{L}{m}$ = Nummer des Fadens
Nm = Metrische Nummer des Fadens
$P_{\max}$ = Reißkraft des Fadens
R = Reißlänge des Fadens
$T = \frac{m}{L}$ = Feinheit des Fadens
Tt = Feinheit des Fadens im Tex-System
V_R = Volumen des Fadens bei der Reißlänge R
ϱ = Dichte des Fadens

[1]) Die Veröffentlichung der „Kurzen Mitteilungen" erfolgt unter alleiniger Verantwortung der Verfasser.

Die Größengleichung für die Reißlänge eines Fadens

Definitionsgemäß ist die Reißlänge eines Fadens die Länge, bei der er infolge seines eigenen Gewichtes reißt. Längen- und Dichteänderungen werden bei dieser Definition nicht berücksichtigt. Sie gilt sinngemäß für Einzelfasern, Haare und Borsten. Nachfolgend wird nur noch der Begriff Faden verwendet. Bei der Reißlänge R befinden sich aber die Reißkraft und das Gewicht des Fadens im Gleichgewicht, d. h.

$$P_{\max} = G_R = m_R g = \varrho V_R g = \varrho F R g. \quad (2)$$

Aus (2) ergibt sich für die Reißlänge die Größengleichung

$$R = \frac{P_{\max}}{\varrho F g}. \quad (3)$$

Wegen

$$T = \frac{m}{L} = \frac{\varrho V}{L} = \varrho F \quad (4)$$

und

$$N = \frac{L}{m} = \frac{1}{T} \quad (5)$$

ergibt sich aus (3)

$$R = \frac{P_{\max}}{T g} = \frac{N P_{\max}}{g}. \quad (6)$$

Die Größengleichung (6) ist als Definitionsgleichung für die Reißlänge noch ungeeignet. Mit zunehmendem Abstand von der Erde wird z. B. die Reißlänge des Fadens immer größer. Es ist deshalb angebracht, die Reißlänge nur für den Ort mit der Normfallbeschleunigung g_n zu definieren, d. h.

$$R = \frac{P_{\max}}{T g_n} = \frac{N P_{\max}}{g_n}. \quad (7)$$

Gleichung (7) ist eine Größengleichung und zugleich eine geeignete Definitionsgleichung für die Reißlänge eines Fadens, weil sie auf den Ort mit der Normfallbeschleunigung bezogen ist.

Die Zahlenwertgleichung für die Reißlänge eines Fadens

Gleichung (7) kann in eine Zahlenwertgleichung umgewandelt werden, z. B. für die Reißlänge eines Fadens mit der Einheit „km":

$$R/\text{km} = \frac{P_{\text{max,p}}}{Tt} = Nm P_{\text{max/kp}}. \tag{8}$$

Gleichung (8) entspricht der in der TGL 0-53816 und der in der TGL 0-53834 angegebenen Zahlenwertgleichung, allerdings durch konsequente Anwendung der Definition der Reißlänge eines Fadens ohne den physikalisch unbegründeten Faktor C, siehe Gleichung (1).

Setzt man unberechtigterweise in der Zahlenwertgleichung (8) für die Reißkraft die Einheit „g" ein, dann erhält man formal eine Reißlänge in „km". Daß ein solches Vorgehen nicht richtig ist, zeigt sich beim Übergang in das technische Maßsystem, bei dem zur Rettung des Begriffes der Reißlänge mit der Einheit „km" der o. g. Faktor C eingeführt werden muß (Gleichung (1)).

Damit ist gezeigt, daß der Faktor C überflüssig ist. Der in der TGL 0-53816 und in der TGL 0-53834 eingeführte Ausdruck „p tex^{-1}" als „korrekte" Einheit für die o. g. Definition der Reißlänge eines Fadens ist also falsch. Die richtige Einheit für die Reißlänge ist z. B. auf Grund von (8)

$$[R] = \frac{g}{\text{tex}} = \text{km}.$$

Schlußfolgerungen

Bei einer zukünftigen Umarbeitung der TGL 0-53815 (Begriffe für den Zugversuch), der TGL 0-53816 (Zugversuch an Einzelfasern, Haaren und Borsten) und der TGL 0-53834 (Zugversuch an Fäden), ist es angebracht, die Größengleichung und Definitionsgleichung für die Reißlänge entsprechend Gleichung (7) einzuführen. Für die Zahlenwertgleichung der Reißlänge in der TGL 0-53816 und in der TGL 0-53834 folgt daraus z. B. Gleichung (8). Die korrekte Einheit der Reißlänge eines Fadens ist dann $[R]$ = km.

Die gemachten Ausführungen gelten sinngemäß auch für die Definition der Berstreißlänge in der TGL 0-53861 (Berstversuch). Bei der Bestimmung der Berstreißlänge aus der linearen Berstfestigkeit und der Masse je Flächeneinheit müßte die Flächenmasse noch mit der Normfallbeschleunigung multipliziert werden, damit die Größengleichung für die Berstreißlänge richtig ist. Erst dann hat die Berstreißlänge die Größenart einer Länge, für die z. B. die Einheit „km" korrekt ist.

Abschließend sei darauf hingewiesen, daß im Gegensatz zur Reißlänge die feinheitsbezogene Reißkraft entsprechend Gleichung (7), allerdings *ohne* den Faktor g_n, z. B. die Einheit „p tex^{-1}" hat. Für die feinheitsbezogene Reißkraft ist der Faktor „C" ebenfalls überflüssig.

Literatur

[1] *Reichardt, W.:* Rechnen mit Physikalischen Größen. Dresden: Eigenverlag TU Dresden 1965.

[2] *Wallot, J.:* Größengleichungen, Einheiten und Dimensionen. Leipzig: Barth 1957.

Siegfried Kaufmann
Institut für Textiltechnologie
der Chemiefasern Rudolstadt

Eingegangen am 5. Juli 1968

12. Mitteilung des FA Textilterminologie der KDT

DK 677.1/.3:168.1:001.4

Die vorliegende Mitteilung ist ein Teilergebnis der Neubearbeitung von TGL 0-60001 (Informationsblatt, Ausg. Sept. 1962: Faserstoffe; Einteilung, Begriffsbestimmungen, Kurzzeichen), und zwar betrifft sie die Naturfaserstoffe.

Ein Sichten der Faserstoffarten führte zum Streichen solcher mit nur sehr geringer wirtschaftlicher Bedeutung.

Die teilweise neue Gliederung der Pflanzenfasern sieht nach dem Vorkommen der Fasern in der Pflanze folgende Gruppen vor: Samenfasern (Baumwolle), Fruchtfasern, Stengelfasern und Blattfasern. In der Gruppe „Fruchtfasern" sind Kapok und Kokosfasern zusammengefaßt, während frühere Gliederungen „Pflanzenhaare" (Baumwolle, Kapok) und Fruchtfasern (Kokos) unterschieden, wobei letztere erst nach den Blattfasern aufgeführt wurden. Das angewandte Gliederungsprinzip verlangte, daß die Begriffe „Hartfasern" (Blattfasern und Kokos) und „Weichfasern" (Stengelfasern) entfallen mußten. Außerdem entsprechen diese Bezeichnungen nicht in jedem Falle dem tatsächlichen Zustand der so klassifizierten Fasern.

Der Begriff „Hanf" ist eindeutig festgelegt worden. Er ist jetzt nur noch in seiner eigentlichen Bedeutung für *Cannabis sativa* und die daraus gewonnenen Fasern anzuwenden. Andere Fasern dürfen nicht als Hanf (z. B. „Manilahanf" statt Abaka) bezeichnet werden, und auch die Benennungen „Weichhanf" für die Fasern von *Cannabis sativa* und „Hartхanf" für die Blattfasern sind nicht mehr zulässig.

Alle Blattfasern der Agaven werden als Sisal bezeichnet, wie es heute auch im Handel üblich ist. Hierunter fallen die gelegentlich noch als Henequen, Kantala, Magey usw. bezeichneten Agavefasern.

Der schon immer in seiner Bedeutung umstrittene Begriff „Bastfasern" ist in der Gliederung selbst nicht mehr enthalten. Seine Verwendung ist jedoch als Sammelbegriff für die Stengel- und Blattfasern noch möglich, wie aus einer Fußnote hervorgeht.

Bei der Gruppe „Wollen und Haare" ist herausgestellt worden, daß es sich textiltechnisch in jedem Falle um Fasern handelt, die lediglich gewohnheitsmäßig unterschiedlich benannt werden, wobei die Benennung nicht unbedingt eine besondere Eigenart der Fasern kennzeichnen muß.

Eine einschneidende terminologische und sprachliche Bereinigung wurde bei den Faserstoffarten vorgenommen, die unter dem Namen „Naturseide" bekannt sind. Es war notwendig, hier ebenso wie bei den Chemiefaserstoffen zwischen Elementarfäden bzw. Seide und Fasern deutlich zu unterscheiden. Neu ist der Oberbegriff „Raupenfaserstoffe", der für die Kokonfäden bzw. Raupenseide und für die Raupenfasern (= Schappe) gilt. Die Raupenseide kann auch weiterhin als „Naturseide" bezeichnet werden, jedoch gilt diese Benennung nur für die Erscheinungsform „Seide", nicht aber wie bisher auch für die Fasern.

Die Erläuterungen zu den Faserstoffarten sind möglichst knapp gefaßt worden, jedoch so ausführlich, daß sie ihre Aufgabe erfüllen. Die wissenschaftlichen Bezeichnungen der Faserstofflieferanten (Pflanzen, Tiere) wurden mit Hilfe von Auskünften einschlägiger wissenschaftlicher Institute auf den neuesten Stand gebracht.

Die Kurzzeichen wurden nur dort geändert, wo neue Faserstoffbenennungen das erfordern. Darüber hinaus werden erstmalig für die wichtigsten Oberbegriffe Kurzzeichen eingeführt, deren Fehlen besonders von der Standardisierung beanstandet wurde. Ein alphabetisches Verzeichnis der Kurzzeichen soll ihre praktische Anwendung erleichtern.

W. Böhme

FA Textilterminologie der Kammer der Technik	**Naturfaserstoffe** Einteilung Begriffe Kurzzeichen	12. Mitteilung September 1967

Der FA „Textilterminologie" hat die nachstehenden Begriffsfestlegungen bestätigt und zur Veröffentlichung freigegeben. Ihre Anwendung im gesamten wissenschaftlichen und technischen Sprachgebrauch sowie im Schrifttum und in Standards wird empfohlen.

Nr.	Faserstoffart	Kurz-zeichen	Erläuterung
1.	Naturfaserstoffe	N	
1.1.	Pflanzenfasern[1])	NP	
1.1.1.	Samenfasern		Fasern von Samen
	Baumwolle	Bw	Fasern verschiedener *Gossypium*-Arten
1.1.2.	Fruchtfasern		Fasern aus den Früchten verschiedener Pflanzen
	Kapok	Kp	Fasern von der inneren Fruchtwand von *Eriodendron anfractuosum DC. (= Ceiba pentandra Gaertn.), Eriodendron samauma Mart.* und anderen Bombakazeen
	Kokos (Koir)	Ko	Fasern aus dem Fruchtfleisch (Mesokarp) der Frucht von *Cocos nucifera L.* (Kokospalme)
1.1.3.	Stengelfasern[2])	St	Elementarfasern (Bastzellen) bzw. (technische) Fasern (Elementarfaserstränge) aus den Stengeln dikotyler Pflanzen
	Flachs[3])	Fl	Fasern von *Linum usitatissimum L.* (Lein)
	Hanf[3])	Ha	Fasern von *Cannabis sativa L.*
	Jute	Ju	Fasern von *Corchorus capsularis L.* und *Corchorus olitorius L.*
	Ramie	Ra	Fasern, häufig auch Elementarfasern von *Boehmeria nivea Gaud. (= Urtica nivea L.)* und *Boehmeria nivea var. tenacissima (Gaud.) Miq. = Boehmeria viridis auctumnalis*
	Sunn	Sn	Fasern von *Crotalaria juncea L.* und *Crotalaria retusa L.*
	Jubbulpore	Jp	Fasern von *Crotalaria tenuifolia Roxb.*, jedoch wahrscheinlich nur Varietät von *Crotalaria juncea L.*
	Kenaf (Bimplipatam [jute], Mesta, Gambo[hanf], Javajute)	Kf	Fasern von *Hibiscus cannabinus L.*
	Rosella (Roselle)	Ro	Fasern von *Hibiscus sabdariffa L.*
	Kanatnik (Chinahanf, Chinajute, Tientsinjute)	Ka	Fasern von *Abutilon avicennae Gaertn.*
	Kendir (Turkafaser)	Ke	Fasern von *Apocynum venetum L.* (= *Apocynum sibiricum Pall.*) in Asien und *Apocynum cannabinum L. (= Apocynum venetum A. DC. = Apocynum sibiricum Jacq.)* in Nordamerika
	Urena (Kongojute, Aramina)	Ur	Fasern von *Urena lobata L.*
1.1.4.	Blattfasern[2])	Bl	Fasern aus den Blättern oder Blattscheiden bzw. dem Scheinstamm monokotyler Pflanzen
	Sisal	Si	Fasern aus den Blättern verschiedener Agavearten, z. B. *Agave sisalana Perrine.* Je nach Agaveart, Herkunftsland und Gewinnungsverfahren werden gelegentlich auch andere Benennungen verwendet, z. B. Henequen, Mexikogras, Losquil, mexikanischer Sisal, vorwiegend aus den Blättern von *Agave fourcroydes Lem.*,

12. Mitteilung des FA Textilterminologie der KDT

Nr.	Faserstoffart	Kurzzeichen	Erläuterung
1.1.4. (Forts.)	Sisal	Si	Kantala, ostasiatischer Sisal, vorwiegend aus den Blättern von *Agave vivipara L.* (= *Agave cantala Roxb.*), Maguey, auf den Philippinen aus den Blättern von *Agave vivipara L.* (= *Agave cantala Roxb.*) und *Agave americana* durch Rösten gewonnene Fasern.
	Abaka (Abacá, Manila)	Ab	Fasern aus den Blattscheiden (Scheinstamm) von *Musa textilis Née*
	Bananenfaser	Ba	Fasern aus den Blattscheiden der eßbare Bananen tragenden *Musa sapientum L.* (= *Musa paradisiaca L.*) und *Musa ensete Gmel.*
	Mauritiusfaser (Fique, Pita)	Ms	Fasern aus den Blättern von *Furcraea gigantea Vent.*
	Phormium (Neuseelandfaser)	Ph	Fasern aus den Blättern von *Phormium tenax Forst.* (neuseeländische Flachslilie)
	Yucca	Yu	Fasern aus den Blättern verschiedener Yucca-Arten (Palmlilie), vor allem von *Yucca filamentosa L.* (= *Yucca flaccida Haw.*) und *Yucca australis (Engelm.) Tel.*, *Yucca gloriosa L.*
	Ananasfaser (Pina)	An	Fasern aus den Blättern verschiedener Bromeliazeenarten, vor allem von *Ananas comosus (L.) Merr.*
	Aloe	Al	Fasern aus den Blättern von *Aloe perfoliata Thbg.*
	Raphiabast	Rb	Streifen aus den Blättern von *Raphia pedunculata Beauv.* (= *Raphia ruffia Mart.*) (Fiederpalme) und *Raphia vinifera Beauv.*, *Raphia hookeri Mann et Wendl.*
	Esparto (Alfagras)	Es	Blätter von *Stipa tenacissima L.*
1.2.	Tierfaserstoffe	NT	
1.2.1.	Wollen und Haare[4])	WH	Fasern von der Haut folgender Säugetiere:
	Schafwolle, Wolle	Wo	Hausschaf (*Ovies aries L.*) verschiedener Rassen
	Ziegenhaare		Ziegen (*Capra hircus L.*) verschiedener Rassen
	Gemeines Ziegenhaar	Zi	Hausziege
	Mohär (Mohair), Angorahaar	Mo	Angoraziege
	Kaschmirhaar	Kz	Kaschmirziege
	Tibethaar	Tz	Tibetziege
	Hasenhaare	Hs	Feldhase (*Lepus europaeus Pall.*) und Schneehase (*Lepus timidus L.*)
	Kaninhaare		Kaninchen (*Oryctolagus cuniculus (L.)*) verschiedener Rassen
	Kaninhaar	Kn	Haus- und wildes Kaninchen
	Angora(kanin)wolle	Ak	Angorakaninchen
	Schafkamelwollen		
	Alpakawolle	Ap	Alpaka = Pako (*Lama pacos L.*)
	Lamawolle	Lm	Lama (*Lama glama L.*)
	Vikunjawolle	Vi	Vikunja (*Lama vicugna Mol.*)
	Guanakowolle	Gu	Guanako (*Lama guanicoe Müller*)
	Kamelhaar(-wolle)	Km	zweihöckeriges Kamel (Trampeltier; *Camelus bactrianus L.*), vereinzelt auch einhöckeriges Kamel (Dromedar; *Camelus dromedarius L.*)
	Roßhaar	Rh	Pferd (*Equus caballus L.*) (Mähne und Schweif)
	Rinderhaar	Ri	Hausrind (*Bos taurus L.*); Fasern als Kälber- und Kuhhaare auch getrennt klassifiziert
	Menschenhaar	Me	Mensch (*Homo sapiens L.*)
1.2.2.	Raupenfaserstoffe (Naturseide und Schappe)	Rp[5])	Von Kokons verschiedener Spinner (*Bombyzidae, Saturniidae*) abgehaspelte Kokonfäden (jeweils 2 Elementarfäden in gemeinsamer Serizinhülle) sowie daraus durch Schneiden oder aus beim Haspeln anfallenden Abfällen und aus nicht abhaspelbaren Kokons durch Reißen gewonnene Raupenfasern (übliche Benennung: Schappe). Aus mehreren Kokonfäden wird beim Haspeln die Raupenseide (übliche Benennung: Naturseide) hergestellt.

Nr.	Faserstoffart	Kurz-zeichen	Erläuterung
1.2.2. (Forts.)	Bombyxfaserstoffe	Bx[5])	Elementarfäden und Fasern aus dem Kokon der Raupe des Maulbeerspinners („Seidenspinner"; *Bombyx mori L.*)
	Tussahfaserstoffe	Ts[5])	Elementarfäden und Fasern aus den Kokons der Raupen verschiedener „wilder" Spinner, vor allem des chinesischen Tussahspinners (wilder Eichenspinner; *Antheraea pernyi Guérin*), des japanischen Tussahspinners (wilder Eichenspinner; *Antheraea yamamai Guérin*) und des indischen Tussahspinners (wilder Maulbeerspinner; *Antheraea paphia L.*)
1.3.	Mineralfasern		
	Asbest	As	Verspinnbare kristallinische Fasern, vorkommend in Serpentin (Serpentinasbest: Chrysotil) und in Hornblende (Hornblendeasbest = Amphibolasbest: Krokydolith = Blauasbest, Amosit)

[1]) In manchen Fällen empfiehlt es sich, die Bezeichnung der Pflanzenfasern mit dem Zusatz „-faser" zu versehen (z. B. Baumwollfaser). Das ist insbesondere dann erforderlich, wenn die einzelne Faser gemeint ist oder Verwechslungsmöglichkeit mit der die Faser liefernden Pflanze besteht (z. B. Hanf, Hanffaser). In einigen Fällen muß die Faserstoffbezeichnung mit „-faser" gebildet werden (z. B. Bananenfaser).

[2]) Die Stengel- und Blattfasern werden auch als Bastfasern (Kurzzeichen: Ba) bezeichnet. Bastfasern im engeren Sinne sind Fasern aus dem Stengel (Lein, Hanf u. a.) der Pflanzen oder aus der Rindenschicht des Stammes (Linde u. a.). Im weiteren Sinne werden auch die Blattfasern (Agave u. a.) zu den Bastfasern gerechnet.

[3]) Als Flockenbast werden chemisch oder/und mechanisch nahezu bis zur Elementarfaser aufgeteilter („kotonisierter") Flachs oder Hanf bezeichnet.

[4]) Zoologisch handelt es sich um Haare, die im Falle des Schafes als Schafwolle oder allgemeiner als Wolle bezeichnet werden. Die Benennung der Haare (Kurzzeichen: H) anderer Tiere richtet sich nach dem Sprachgebrauch. Nach der Textilterminologie sind es Fasern.

[5]) Zum Kennzeichnen der Erscheinungsformen Elementarfäden bzw. Seide und Fasern werden die auch für Chemiefaserstoffe verwendeten Kurzzeichen „S" und „F" verwendet und unmittelbar an das Kurzzeichen für die Faserstoffart angehängt. Beispiel: Bombyxseide BxS.

Alphabetisches Verzeichnis der Kurzzeichen der Naturfaserstoffarten

Ab Abaka
Ak Angora(kanin)wolle
Al Aloe
An Ananasfaser
Ap Alpakawolle
As Asbest

Ba Bananenfaser
Bf Bastfasern
Bl Blattfasern
Bw Baumwolle
Bx Bombyxfaserstoffe

Es Esparto

F Faser [nur zu verwenden bei Raupenfaser (RpF), Bombyxfaser (BxF) und Tussahfaser (TsF)]
Fl Flachs

Gu Guanakowolle

Ha Hanf
Hs Hasenhaare

Jp Jubbulpore
Ju Jute

Ka Kanatnik
Ke Kendir
Kf Kenaf
Km Kamelhaar (-wolle)
Kn Kaninhaar
Ko Kokos
Kp Kapok
Kz Kaschmirhaar

Lm Lamawolle

Me Menschenhaar
Mo Mohär
Ms Mauritiusfaser

N Naturfaserstoffe
NP Pflanzenfasern
NT Tierfaserstoffe

Ph Phormium

Ra Ramie

Rb Raphiabast
Rh Roßhaar
Ri Rinderhaar
Ro Rosella
Rp Raupenfaserstoffe

S Seide [nur zu verwenden bei Raupenseide (RpS), Bombyxseide (BxS) und Tussahseide (TsS)]
Si Sisal
Sn Sunn
St Stengelfasern

Ts Tussahfaserstoffe
Tz Tibethaar

Ur Urena

Vi Vikunjawolle

WH Wollen und Haare
Wo Schafwolle, Wolle

Yu Yucca

Zi Gemeines Ziegenhaar

Friedrich Winkler
Institut für Faserstoff-Forschung der DAW, Teltow-Seehof

Standardisierte Begriffe der Textilprüfung und verwandter Gebiete

1. Statische Zugprüfung

Beiblatt R: Systematische und alphabetische Gliederung der Begriffe in russischer Sprache

Blatt 1 R
(Teil 1)
DK 389.6:620.172:168.1

Dieses Beiblatt enthält die russischsprachigen Begriffe, die für den statischen Zugversuch standardisiert worden und dem Verfasser bekannt sind. In welcher Weise mit ihm, dem schon erschienenen Grundblatt[1]) und Beiblättern D[2]) und E[3]) sowie den noch erscheinenden Beiblattern zu arbeiten ist wurde bereits in der Einleitung des Grundblattes erläutert.

I. Systematischer Teil

Der als Teil 1 dieses Blattes vorgelegte systematische Teil ist nach den dreiteiligen Nummern der Begriffe des Grundblattes gegliedert. Treten innerhalb einer dreiteiligen Nummer mehrere standardisierte Begriffe auf, so ist der dem Verfasser am treffendsten erscheinende als erster genannt. Die Reihenfolge wurde so gewählt, daß ein Begriff um so später aufgeführt ist, je weniger zutreffend er zu sein scheint. Nach jedem Begriff ist die Quelle genannt, der der Begriff entnommen wurde. Um Platz zu sparen, ist die Quellenangabe aus einem leicht verständlichen Kurzzeichen für das nationale oder internationale Standardisierungsgremium (meist die Kurzbezeichnung des Standards), einer Nummer (meist die Nummer des Standards) und der Angabe des Ausgabejahres (meist entweder mit Bindestrich an die Nummer des Standards angehängt oder zusammen mit dem Monat in Klammern stehend) zusammengesetzt. Die im Blatt 1 R verwendeten Kurzzeichen bedeuten:

Beibl.	Das Beiblatt,
Bl.	Das Blatt,
ČSN	Die tschechoslowakischen Standards,
DIN	Die Standards des Deutschen Normenausschusses,
DR	Die Entwürfe zu ISO-Empfehlungen,
GOST	Die Standards der Sowjetunion,
ISO	Die Standards der internationalen Standardisierungs-Organisation,
MSZ	Die ungarischen Standards,
OST NKLP	Die Fachbereichstandards der Sowjetunion,
R	Die Empfehlungen der ISO,
RS	Die Empfehlungen des Rates für Gegenseitige Wirtschaftshilfe,
TGL	Die Standards der DDR.

Tritt der aufgeführte Begriff in mehreren Standards auf, ist das Kurzzeichen nicht wiederholt, sondern die Nummer des zweiten Standards unmittelbar an das Ausgabejahr des ersten Standards angehängt worden, z. B. GOST 210-53, 408-66.

Seit dem Erscheinen des Grundblattes und der Beiblätter 1 D und 1 E ist eine Reihe Begriffe und Definitionen bekannt geworden, die zunächst als Ergänzung der im Grundblatt enthaltenen systematischen Gliederung und der in den Beiblättern enthaltenen Ergänzungen hier nachgetragen werden:

1.1.32. *Gewebe-Reißfestigkeit* ist ein allgemeiner Ausdruck für die maximale Kraft, die zum Zerreißen eines Gewebestückes erforderlich ist.

1.1.33. *Erholung* ist ein allgemeiner Ausdruck für das Abnehmen der Dehnung nach Entfernen der Zugspannung im Laufe der Zeit.

1.2.35. *Kriechversuch* ist ein Zugversuch, bei dem der Prüfling mit einer konstanten Zugkraft beansprucht und die Dehnung in Abhängigkeit von der Beanspruchungsdauer gemessen wird.

1.2.36. *Fadenverschiebeversuch* ist ein Zugversuch, bei dem ein Gewebestreifen zwischen zwei aufeinandergepreßten Platten herausgezogen wird, wobei sich gleichzeitig die Querfäden verschieben.

1.2.37. *Nadelkamm-Ausreißversuch* ist ein Zugversuch, bei dem der Prüfling durch einen quer zur Zugrichtung in ihn eingestochenen Nadelkamm gehalten und die zum Verschieben oder Ausreißen des Nadelkammes erforderliche Kraft gemessen wird.

1.2.38. *Flornoppen-Ausreißversuch* ist ein Zugversuch, bei dem die Kraft zum Herausziehen einer Flornoppe aus ihrer Einbindung im textilen Flächengebilde gemessen wird.

1.4.68. *Nadelkamm-Ausreißkraft* ist die bei Zugbeanspruchung quer zu einem in einen Prüfling eingestochenen Nadelkamm auftretende Kraft, die zum Verschieben der vor dem Nadelkamm liegenden Querfäden oder zum Herausziehen der in Zugrichtung liegenden Längsfäden erforderlich ist. (Der Begriff 1.6.12. im Beiblatt 1 E ist versehentlich mit einer falschen dreiteiligen Nummer versehen worden, die richtige Nummer lautet 1.6.16.)

1.6.17. *Kantenscheuer-Reißkraftverlust-Verhältnis* ist das Verhältnis des beim Kantenscheuern eines Gewebestreifens entstehenden Reißkraftverlustes zur Reißkraft des ungescheuerten Streifens.

1.6.18. *Tieftemperatur-Zugkraft-Verhältnis* ist das Verhältnis der Zugkraft bei festgelegter tiefer Temperatur zur Zugkraft bei Normalklima unter jeweils gleicher Dehnung.

1.11.30. *Bezugs-Spannung* ist die Zugkraft bei einer bestimmten Dehnung, bezogen auf den Querschnitt des Prüflings bei dieser Dehnung.

1.11.31. *Naß-Bruch-Nennspannung* ist der Quotient aus der Naß-Bruchkraft und dem Anfangsquerschnitt des Prüflings.

1.12.12. *Meßlänge bei konstanter Dehnung* ist der Abstand zwischen den beiden die Meßlänge einschließenden Markierungen des auf eine konstante Dehnung gebrachten Prüflings.

1.12.13. *Konstantquerschnitt-Länge* ist die größte, gegebenenfalls markierte Länge, über die der Prüfling eine konstante Querschnittsfläche besitzt.

1.13.23. *Bleibende Längenänderung beim Bruch* ist die bei Belastung bis kurz vor dem Bruch und anschließender Entlastung festgestellte bleibende Längenänderung oder die nach dem Bruch gemessene bleibende Längenänderung.

1.14.56. *Einzelfaden-Sollreißdehnung* ist die geforderte Mindest- oder Höchstreißdehnung eines Fadens.

1.14.57. *Bleibende Dehnung an der Dehngrenze* ist diejenige festgelegte bleibende Dehnung, die sich nach Entlasten des bis zur Zugkraft an der Dehngrenze belasteten Prüflings einstellt.

[1]) s. Faserforsch. u. Textiltechnik **17** (1966) 9, S. 425 bis 433.
[2]) s. Faserforsch. u. Textiltechnik **17** (1966) 12, S. 578 bis 589.
[3]) s. Faserforsch. u. Textiltechnik **18** (1967) 5, S. 245 bis 253; 6, S. 298—304.

1.14.58. *Bleibende Dehnung an der Streckgrenze* ist diejenige bleibende Dehnung, die sich nach Entlasten des bis zur Zugkraft an der Streckgrenze belasteten Prüflings einstellt.

1.14.59. *Meßmarken-Dehnung* ist das Verhältnis aus der Längenänderung zwischen Meßmarken und der Meßlänge.

1.15.5. *Naß-Bruchdehnungs-Verhältnis* ist das Verhältnis der Naß-Bruchdehnung zur Bruchdehnung.

1.15.6. *Tieftemperatur-Dehnungsverhältnis* ist das Verhältnis der Dehnung bei festgelegter tiefer Temperatur zur Dehnung bei Normalklima unter jeweils gleicher Zugkraft.

1.16.10. *Kraft-Zeit-Kurve* ist die während eines Zugversuches durch Aufzeichnen der jeweiligen Zugkraft über der seit Versuchsbeginn vergangenen Zeit entstehende Kurve.

1.16.11. *Zugkraft-Dehnungs-Kurve* ist die während des Zugversuchs durch Aufzeichnen der jeweiligen Zugkraft über der zugehörigen Dehnung eines Prüflings entstehende Kurve.

1.17.13. *Hochtemperatur-Anfangs-Sekantenmodul* ist der Sekantenmodul zwischen einem festgelegten Punkt der Wirkspannungs-Nenndehnungs-Kurve und der Dehnung Null an einem auf eine bestimmte höhere Temperatur erwärmten Prüfling.

1.20.10. *Konstante Kriechgeschwindigkeit* ist die Neigung des geradlinigen Bereiches der beim Kriechversuch aufgenommenen Dehnungs-Zeit-Kurve.

1.20.11. *Mittlere Weiterreißgeschwindigkeit* ist der Quotient der Längenänderung des Weiterreißprüflings im Bereich der nahezu konstanten Weiterreißkraft und der vergangenen Zeit.

1.22. Zugspannungs-Verhältnisse

1.22.1. *Naß-Bruch-Nennspannungs-Verhältnis* ist das Verhältnis der Naß-Bruch-Nennspannung zur Bruch-Nennspannung.

Es folgt nun die systematische Gliederung der Begriffe des statischen Zugversuchs in russischer Sprache.

1.1.1. прочность
GOST 3813-47
крепость
OST NKLP 1684-55, 1968-38,
напряжение при растяжении
DIN 50100 Beibl. (11. 54)
растягивающее усилие
DIN 50100 Beibl. (11. 54)

1.1.2. прочность на разрыв
GOST 3813-47, 4662-58, 6611-55
предел прочности при разрыве
ISO/R 66-1958

1.1.3. напряжение
ČSN 640001 (12. 63); DIN 7730 Bl. 1 (7. 65); ISO/R 194-161; MSZ 7587-62

1.1.7. растяжимость
ČSN 640001 (12. 63); DIN 7730 Bl. 1 (7. 65); GOST 3813-47, 6611-55, 8847-64; ISO/R 194-1961; MSZ 7587-62

1.1.8. деформация
ČSN 640001 (12. 63)
относительная деформация
DIN 7730 Bl. 1 (7. 65); ISO/R 194-1961; MSZ 7587-62

1.1.10. пластичность
ČSN 640001 (12. 63); DIN 7730 Bl. 1 (7. 65); ISO/R 194-1961; MSZ 7587-62

1.1.11. идеальная упругая деформация
ČSN 640001 (12. 63)
упругость
ČSN 640001 (12. 63); DIN 7730 Bl. 1 (7. 65); ISO/R 194-1961; MSZ 7587-62

1.1.12. высокая эластичность
ISO/R 194-1961

1.1.13. вязкая (замедленная) упругость
DIN 7730 Bl. 1 (7. 65); ISO/R 194-1961; MSZ 7587-62
вязко-упруфая деформация
ČSN 640001 (12. 63)

1.1.17. ударная вязкость
ISO/R 194-1961

1.1.18. прочность склейки
ČSN 640001 (12. 63); GOST 8976-59; ISO/R 194-1961; MSZ 7587-62

1.1.19. релаксация напряжения
ČSN 640001 (12. 63)

1.1.26. растяжимость при разрыве
GOST 3813-47, 9176-59

1.1.27. прочность на раздирание
GOST 3813-47
сопротивление раздиру
ISO/DR 751 (3. 64)

1.1.28. скорость испытания
ISO/DR 751 (3. 64)

1.1.29. тягучесть
ISO/R 194-1961
дуктильность
ISO/R 194-1961

1.1.31. текучесть
DIN 7730 Bl. 1 (7. 65); MSZ 7587-62

1.1.32. прочность ткани
GOST 3813-47

1.1.33. восстановление
ČSN 640001 (12. 63)

1.2.1. испытание на растяжение
ISO/DR 751 (3. 64); RS 58-63, 59-63, 81-63, 461-66, 500-66; TGL 14318 (12. 62), 14366 (6. 62), 14402 Bl. 2 (12. 62), 14912 Bl. 3 (10. 62), 15486 (2. 63), 17461 (12. 63)
метод испытания на растяжение
GOST 9651-61, 11150-65, 11262-65; RS 257-64, 500-66
метод определения предела прочности при разрыве
GOST 270-64, 11721-66, 12580-67
определение прочности на разрыв
GOST 3813-47, 4662-58
определение разрывной нагрузки и разрывного удлинения
GOST 6611-55, 6943-54
определение разрывной нагрузки и удлинения
GOST 10213-62, 10682-63, 12320-66
испытание на разрыв
TGL 14070 (5. 63)

1.2.2. определение разрывной нагрузки и удлинения штапелькам
GOST 10213-62

1.2.4. испытание на растяжение петли
TGL 19063 (5. 64), 0-53843 (5. 64)

1.2.5. испытание на растяжение узлов
TGL 15488 (2. 63), 0-53842 (5. 64)

1.2.8. метод разрыва полотна полоской
GOST 8847-64
испытание на разрыв в виде лент
TGL 053857 (10. 63)

1.2.13. определение прочности на раздирание
GOST 3813-47
метод определения удельной энергии раздира
GOST 12014-66

1.2.17. испытание на сопротивление вырыванию иглы
TGL 13634 (6. 62)

1.2.19. метод определения прочности связи при расслоении
GOST 12255-66
метод определения прочности склейки сдвоенных тканей
GOST 8976-59

1.2.23. определение разрывной нагрузки и удлинения нити
GOST 7266-64
испытание нитей на разрыв
TGL 0-53834 (3. 63)

1.2.24. определение разрывной нагрузки и удлинения одиночным волокном
GOST 10213-62
определение прочности на разрыв волокон
GOST 4662-58
определение крепости волокон
GOST 4662-58
испытание растяжения волокна, элементарных нитей, волос и щетин
TGL 0-53816 (8. 62)

1.2.26. испытание каучуковых и резиновых полос на разрыв
TGL 0-53507 (12. 62)

1.2.35. испытание на ползучесть
RS 63-63

1.2.36. определение усилия при раздвижке нитей в ткани
GOST 10682-63
определение усилия при раздвижке ткани
GOST 3814-56

1.2.37. определение усилия при осыпании нитей из ткани
GOST 10682-63
определение усилия при осыпании ткани
GOST 3814-56

1.2.38. определение прочности закрепления ворса
GOST 3815-47, 10682-63

1.3.2. разрывная машина
GOST 252-53, 270-64, 411-41, 3814-56, 6611-55, 6768-53, 6943-54, 8847-64, 8976-59, 9175-64, 9176-59, 12580-67
динамометр
GOST 314-63, 3813-47, 3815-47, 4662-58, 7266-64, 8974-59, 10213-62, 10682-63; OST NKLP 1684-55, 1968-38
испытательная машина на растяжение
GOST 9550-60
испытательная машина
RS 500-66

1.3.6. разрывная машина маятникового типа
GOST 12320-66
динамометр маятникового типа
GOST 7266-64
динамометр с маятниковым силоизмерителем
GOST 3813-47
рычажный динамометр
OST NKLP 1684-55

1.3.9. разрывная машина для одиночной нити
GOST 6611-55, 9175-64
динамометр для одиночной нити
GOST 3815-47

1.3.10. разрывная машина для пасмы
GOST 6611-55

1.3.11. разрывная машина для полотна
GOST 9175-64

1.3.14 самопишущее приспособление
GOST 252-53, 8976-59
самопишущее устройство
GOST 253-53
пишущий прибор
GOST 252-53

1.3.16. зажимы
GOST 252-53, 261-67, 268-53, 408-66, 411-41, 3813-47, 3814-56, 3815-47, 4662-58, 6768-53, 6943-54, 7266-64, 8847-64, 8976-59, 9175-64, 9176-59, 9550-60, 10213-62, 10682-63, 11053-64, 11262-65, 12014-66, 12320-66; RS 500-66
тиски
GOST 4662-58, 9175-64, 9176-59; OST NKLP 1684-55

1.3.17. щечка зажима
GOST 10682-63

1.3.19. прокладки в зажимах
GOST 8847-64

1.3.21. шкала удлинения
GOST 252-53
тензометр
GOST 9550-60; RS 257-64, 500-66

1.4.1. осевая растягивающая нагруска
GOST 9651-61, 11150-65; RS 257-64

1.4.2. предварительное натяжение
GOST 3814-56, 6611-55, 6943-54, 7266-64, 8847-64, 9176-59, 10213-62, 10682-63, 12320-66; OST NKLP 1684-55
первоначальное натяжение
OST NKLP 1968-38

1.4.3. разрывная нагрузка
GOST 314-63, 3274-46, 3813-47, 4662-58, 6611-55, 6943-54, 7266-64, 10213-62, 12320-66; OST NKLP 1684-55
максимальная нагрузка
RS 64-63, 81-63
наибольшая нагрузка
RS 58-63, 59-63, 81-63
разрывное усилие
OST NKLP 1968-38

1.4.6. нагрузка в момент разрыве
RS 64-63, 81-63
нагрузка при разрыве
GOST 11721-66
конечная нагрузка
RS 58-63, 59-63
окончательная нагрузка
RS 81-63

1.4.7. растягивающее усилие
GOST 11053-64
нагрузка
GOST 210-53, 408-66

1.4.11. усилие на разрыв в мокром состоянии
TGL 21512 (2. 66)

1.4.14. средняя разрывная нагрузка
GOST 6943-54

1.4.15. разрывная нагрузка пучка
GOST 4662-58
разрывная нагрузка штапелька
GOST 10213-62

1.4.20. разрывная нагрузка одиночной нитью
GOST 6611-55, 12320-66
разрывная нагрузка нити
GOST 6943-54

1.4.21. заданная разрывная нагрузка для пряжи и нитей
GOST 6611-55

1.4.22. разрывная нагрузка пасмой
GOST 6611-55

1.4.24. разрывная нагрузка ткани
GOST 6943-54
прочность ткани
GOST 9844-61

1.4.27. раздирающая нагрузка
GOST 3813-47, 12014-66

1.4.28. сопротивление на прорыв по Эльмендорфу
TGL 20762 (9. 65)

1.4.30. нагрузка при расслоении
GOST 12255-66
прочность
GOST 8976-59

1.4.31. разрывная нагрузка стачечного шва в поперечном направлении
GOST 9176-59

1.4.33. стойкость к раздвижке
GOST 3814-56, 10682-63
усилие при раздвиже
GOST 3814-56

1.4.34. прочность закрепления ворса
GOST 3815-47, 10682-63

1.4.40. разрывная нагрузка стачечного шва в продольном направлении
GOST 9176-59
разрывная нагрузка подгибочных швов
GOST 9176-59

1.4.49. нагрузка у предела текучести
RS 58-63, 59-63
нагрузка в точке текучести
RS 81-63
нагрузка у точки текучести
RS 81-63
нагрузка, соответствующая физическому пределу текучести
RS 64-63

1.4.68. стойкость к осыпанию
GOST 3814-56, 10682-63

1.5.1. удельная энергия раздира
GOST 12014-66

1.5.3. зопротивление расслаивании
GOST 12255-66
показатель сопротивления расслоению
GOST 6768-53
прочность связи между слоями
GOST 6768-53, 12255-66
прочность связи при отслаивании
GOST 411-41
прочность склейки
GOST 8976-59

1.6.1. влагопрочность
ISO/R 135-1959

1.6.17. потеря прочности полосок
GOST 9844-61

1.6.18. коэффициент возрастания жесткости при растяжении
GOST 408-66

1.7.2. разрывная длина
GOST 3274-46, 4662-58, 6943-54, 10213-62; ISO/R 66-1958

1.7.4. удельная предварительная нагрузка
TGL 19062 Bl. 1 (12. 64)

1.7.14. разрывная длина щтапелька
GOST 10213-62

1.7.17. разрывная длина нити
GOST 6611-55, 6943-54
разрывная длина пряжи
GOST 6611-55

1.7.18. разрывная длина пасмы
GOST 6611-55

1.7.19. добротность пряжи
GOST 6611-55

1.10.1. первоначальное поперечное сечение
RS 58-63, 81-63
первоначальная площадь поперечного сечения
GOST 11721-66
начальная площадь поперечного сечения на рабочей длине
RS 63-63
начальная площадь поперечного сечения на расчетной длине
RS 64-63
начальная площадь поперечного сечения в рабочей части образца
GOST 9651-61, 11150-65; RS 257-64
первоначальная площадь
GOST 270-64
площадь поперечного сечения
GOST 314-63, 9550-60
поперечное сечение нерастянутого образца
GOST 11596-65
первоначальное сечение образца
GOST 11053-64

1.10.3. минимальное поперечное сечение после разрыва
RS 81-63
минимальная площадь поперечного сечения образца после разрыва
GOST 9651-61, 11150-65; RS 64-63, 257-64
минимальная площадь поперечного сечения после разрушения
RS 59-63

1.10.4. сужение площали сечения в процентах
RS 59-63
сужение площали в процентах
RS 81-63
сужение в порцентах
RS 59-63

1.10.5. поперечное сужение
RS 64-63
фактор удлинения у точки сужения в процентах
RS 59-63
фактор удлинения у места сужения в процентах
RS 59-63

1.10.7. относительное сужение после разрыва
GOST 9651-61, 11150-65; RS 257-64

1.11.1. номинальное напряжение
DIN 50100 Beibl. (11. 54); RS 36-63, 58-63, 59-63, 81-63
условное нормальное напряжение
GOST 9651-61, 11150-65; RS 257-64
напряжение
RS 58-63, 59-63, 63-63, 64-63, 81-63
напряжение растяжения
ČSN 640001 (12. 63); DIN 7730 Bl. 1 (7. 65); ISO/R 194-1961; MSZ 7587-62

1.11.2. истинное нормальное напряжение
GOST 11150-65

1.11.3. временное сопротивление
GOST 9651-61, 11150-65; RS 257-64
сопротивление разрыву
RS 81-63
сопротивление растяжению
RS 81-63
предел прочности
GOST 11721-66; RS 58-63, 59-63
предел прочности при разрыве
GOST 270-64, 314-63, 12580-67
прочность при растяжении
DIN 7730 Bl. 1 (7. 65); ISO/R 194-1961; MSZ 7587-62
предел прочности при растяжении
ČSN 640001 (12. 63); DIN 7730 Bl. 1 (7. 65); ISO/R 194-1961; MSZ 7587-62

1.11.5. предел упругости
ČSN 640001 (12. 63); DIN 7730 Bl. 1 (7. 65); GOST 9550-60; ISO/R 194-1961; MSZ 7587-62

1.11.10. разрушающее напряжение при растяжении
GOST 11262-65; RS 500-66
предел прочности до воздействия жидкости
GOST 424-63

1.11.11. предел текучести при растяжении
GOST 11262-65
предел текучести (физический)
GOST 9651-61, 11150-65; RS 257-64, 500-66
предел текучести
ČSN 640001 (12. 63); DIN 50100 Beibl. (11. 54); RS 58-63, 59-63, 81-63
предел упругости
DIN 7730 Bl. 1 (7. 65); MSZ 7587-62

1.11.12. условный предел пропорциональности
RS 58-63, 59-63
напряжение при пределе пропорциональности
RS 58-63
напряжение при предельной пропорциональности
RS 81-63

1.11.13. условный предел текучести
RS 58-62, 59-63, 64-63, 81-63
предел текучести (условный)
GOST 9651-61, 11150-65; RS 257-64
напряжение при заданном проценте остаточного удлинения
RS 58-63, 81-63
напряжение при контрольном определении предела текучести
RS 64-63

1.11.14. условный предел текучести
RS 500-66
предел текучести (условный)
RS 500-66

1.11.18. условное напряжение при заданном удлинении
GOST 270-64, 12580-67

1.11.20. верхний предел текучести
RS 58-63, 59-63

1.11.21. нижний предел текучести
RS 58-63, 59-63

1.11.23. заданное напряжение
GOST 11596-65

1.11.26. истинное сопротивление разрыву
GOST 11150-65
истинное напряжение при разрыве
GOST 270-64

1.11.30. истинное напряжение при заданном удлинении
GOST 270-64, 12580-67

1.11.31. предел прочности после воздействия жидкости
GOST 424-63

1.12.1. первоначальное расстояние между зажимами
GOST 12320-66
начальное расстояние между зажимами
GOST 6611-55
первоначальная длина
GOST 3813-47, 6611-55, 8847-64
расстояние между зажимами
GOST 252-53, 3813-47, 3815-47, 6611-55, 6943-54, 7266-64, 8976-59, 9176-59, 10213-62, 11596-65
расстояние между тисками
GOST 4662-58; OST NKLP 1684-55, 1968-38
зажимная длина
GOST 314-63, 3814-56, 6943-54, 8847-64, 10682-63
расстояние между метками
RS 500-66
исходная длина базы
GOST 11262-65
рабочая длина образца
GOST 9651-61; RS 257-64

1.12.2. первоначальная расчетная длина
RS 58-63, 59-63, 63-63, 64-63, 81-63
первоначальная длина рабочего участка
GOST 268-53, 270-64, 11053-64
длина расчетной части образца
RS 500-66
длина рабочего участка
GOST 261-67, 268-53, 270-64
длина рабочей части образца
GOST 11262-65
длина базы образца
GOST 11262-65
рабочий участок
GOST 252-53, 408-66, 11053-64
база тензометра
GOST 9550-60
расстояние между метками
GOST 270-64
начальная расчетная длина образца
GOST 9651-61, 11150-65; RS 257-64

1.12.8. длина разрыва
RS 81-63
окончательная расчетная длина
RS 58-63, 59-63, 81-63
длина рабочего участка в момент разрыва
GOST 270-64
расчетная длина после проведения испытания
RS 64-63
конечная расчетная длина образца
GOST 9651-61, 11150-65; RS 257-64

1.12.9. расчетная длина
RS 63-63, 64-63, 81-63
расстояние между метками
GOST 270-64

1.12.12. длина рабочего участка растянутого образца
GOST 11053-64

1.12.13. длина рабочей части образца
RS 500-66

1.13.1. абсолютное удлинение образца
GOST 9651-61; RS 257-64
удлинение
GOST 408-66, 3813-47, 6611-55, 8847-64, 9175-64

1.13.2. разрывное удлинение
GOST 6943-54
удлинение
GOST 7266-64, 10682-63

1.13.3. удлинение при разрыве
ISO/R 194-1961; OST NKLP 1984-55

1.13.4. удлинение между метками
DIN 7730 Bl. 1 (7. 65); ISO/R 194-1961; MSZ 7587-62

1.13.5. показатель удлинения
GOST 9175-64

1.13.9. остаточное удлинение
GOST 252-53
необратимая деформация
GOST 9175-64

1.13.14. ползучесть (крип)
ČSN 640001 (12. 63); DIN 7730 Bl. 1 (7. 65); ISO/R 194-1961; MSZ 7587-62

1.13.23. остаточное удлинение после разрыва
RS 58-63, 59-63, 81-63

1.14.1. относительное удлинение
ČSN 640001 (12. 63); DIN 1332 Beibl. 1 (10. 57), 7730 Bl. 1 (7. 65); ISO/R 194-1961; MSZ 7587-62
деформация при растяжении
DIN 50100 Beibl. (11. 54)

1.14.2. разрывное удлинение
GOST 6611-55, 10682-63, 12320-66
удлинение в процентах
GOST 3813-47, 7266-64
удлинение
GOST 10213-62

1.14.3. относительное удлинение при разрыве
GOST 270-64, 11262-65, 11721-66, 12580-67; RS 500-66
относительное удлинение до воздействия жидкости
GOST 424-63

удлинение при разрыве
ČSN 640001 (12. 63); DIN 7730 Bl. 1 (7. 65); ISO/R 194-1961; MSZ 7587-62
удлинение при растяжении
ISO/R 66-1958

1.14.4. деформация под нагрузкой
DIN 7730 Bl. 1 (7. 65); ISO/R 194-1961; MSZ 7587-62

1.14.6. остаточное удлинение в процентах
RS 58-63, 59-63, 81-63
необратимая деформация
GOST 8847-64, 9175-64
относительное остаточное удлинение
GOST 268-53
необратимая (остаточная) деформация
ČSN 640001 (12. 63); DIN 7730 Bl. 1 (7. 65); ISO/R 194-1961; MSZ 7587-62
пластическая деформация
DIN 7730 Bl. 1 (7. 65), 50100 Beibl. (11. 54); ISO/R 194-1961; MSZ 7587-62
пластическая дефромация (при нагреве)
ČSN 640001 (12. 63); DIN 7730 Bl. 1 (7. 65); ISO/R 194-1961; MSZ 7587-62
остающееся удлинение
DIN 50100 Beibl. (11. 54)

1.14.7. упругая деформация
ČSN 640001 (12. 63); DIN 7730 Bl. 1 (7. 65); ISO/R 194-1961; MSZ 7587-62

1.14.14. относительное удленение после воздействия жидкости
GOST 424—63

1.14.23. удлинение
GOST 10213-62

1.14.26. растяжимость шва при разрыве
GOST 9176-59
растяжимость при разрыве стачечных швов
GOST 9176-59
растяжимость при разрыве подгибочных швов
GOST 9176-59

1.14.27. разрывное удлинение одиночной нитью
GOST 12320-66

1.14.28. предел пропорциональности
ČSN 640001 (12. 63); DIN 7730 Bl. 1 (7. 65); ISO/R 194-1961; MSZ 7587-62

1.14.29. относительное удлинение после разрыва
GOST 9651-61, 11150-65; RS 257-64
относительное остаточное удлинение после разрыва
GOST 270-64
удлинение после разрыва
ČSN 640001 (12. 63); RS 64-63
удлинение после разрыва в процентах
RS 58-63, 59-63, 81-63

1.14.30. растяжимость шва при нагрузках ниже разрывных
GOST 9176-59

1.14.32. остаточное удлинение
RS 64-63

1.14.36. остаточное удлинение
RS 63-63

1.14.38. предел пропорциональности
ISO/R 194-1961

1.14.51. задаваемое непропорциональное удлинение
RS 59-63
задаваемое удлинение за пределом пропорциональности
RS 81-63
допуск на удлинение
RS 59-63
величина деформации при контрольном определении предела текучести
RS 64-63
предписанное смещение
RS 500-66

1.14.55. относительное удлинение при пределе текучести
RS 500-66
относительное удлинение, соответствующее пределу текучести
GOST 11262-65

1.14.56. заданное удлинение для пряжи и нитей
GOST 6611-55

1.14.57. задаваемое остаточное удлинение
RS 58-63, 81-63
заданный процент остаточного удлинения
RS 59-63
величина деформации при определении предела текучести
RS 64-63

1.14.58. остаточное удлинение после точки текучести
RS 81-63

1.14.59. удлинение между метками
DIN 7730 Bl. 1 (7. 65); ISO/R 194-1961; MSZ 7587-62

1.15.1. обратимая деформация
GOST 8847-64, 9175-64

1.15.5. коэффициент изменения относительного удлинения после воздействия жидкости
GOST 424-63

1.15.6. коэффициент морозостойкости
GOST 408-66

1.16.1. кривая нагрузка — удлинение
GOST 252-53

1.16.2. диаграмма растяжения
RS 257-64
кривая напряжение — деформация
ČSN 640001 (12. 63); DIN 7730 Bl. 1 (7. 65); ISO/R 194-1961; MSZ 7587-62

1.16.3. петля гистерезиса
DIN 50100 Beibl. (11. 54)

1.16.4. кривая нагрузка — сокращение
GOST 252-53

1.16.10. диаграмма «нагрузка — время»
GOST 12014-66, 12255-66

1.16.11. график «нагрузка — удлинение»
RS 500-66
диаграмма «усилие — удлинение»
RS 500-66

1.17.1. модуль упругости
ČSN 640001 (12. 63); DIN 1332 Beibl. 1 (10. 57), 7730 B. 1 (7. 65); GOST 9550-60; ISO/R 194-1961; MSZ 7587-62
модуль эластичности
GOST 210-53

1.17.7. модуль упругости при растяжении
ČSN 640001 (12. 63); DIN 7730 Bl. 1 (7. 65); ISO/R 194-1961; MSZ 7587-62

1.17.13. условно—равновесный модуль
GOST 11053-64

1.19.1. полезная упругость при растяжении
GOST 252-53

1.20.1. время разрыва
GOST 7266-64, 10213-62
длительность разрыва
GOST 7266-64, 8847-64
продолжительность растяжения
GOST 3813-47
продолжительность процесса растяжения до разрыва
GOST 6611-55

1.20.2. скорость нарастания напряжений
RS 59-63

средняя скорость нагружения
DIN 7730 Bl. 1 (7. 65); ISO/R 194-1961; MSZ MSZ 7587-62
возрастание напряжения
RS 58-63

1.20.3. скорость опускания нижнего зажима
GOST 3813-47, 6611-55, 6943-54, 8974-59, 10213-62, 12320-66
скорость виджения нижнего зажима
GOST 252-53, 314-63, 3815-47, 6768-53
скорость нижних тисков
GOST 4662-58
скорость движения нижних зажимов
GOST 6943-54, 8976-59
скорость движения нижних тисков
GOST 8847-64, 9176-59, 10682-63; OST NKLP 1684-55
скорость движения подвижного зажима
GOST 270-64, 12580-67
скорость перемещения подвижного зажима
GOST 11262-65
скорость подвижного зажима
GOST 12255-66

1.20.4. скорость деформирования
GOST 11262-65; RS 257-64, 500-66

1.20.5. скорость удлинения
GOST 11596-65
ползучесть
GOST 11596-65

1.20.6. скорость нагружения
RS 257-64

1.20.9. средняя скорость ползучести
GOST 11596-65

1.20.10. стационарная скорость ползучести
GOST 11596-65

1.20.11. средняя скорость раздирация
GOST 12014-66

1.21.1. неравномерность по разрывной нагрузке
GOST 7266-64

1.22.1. коэффициент изменения предела прочности после воздействия жидкости
GOST 424-63

Neue Bücher

Anelastic and Dielectric Effects in Polymeric Solids. Von *N. G. McCrum, B. E. Read* und *G. Williams.* London/New York/Sydney: Wiley & Sons 1967. XV, 617 S., 300 Abb. Geb. 160 s.

Nach einer allgemeinen Einführung (25 Seiten), Abschnitten über die chemische und die physikalische Struktur von polymeren Festkörpern (32 S.) und über die Theorien der mechanischen Moduli sowie der dielektrischen Konstanten für Gleichspannung (45 S.) folgen in den Abschnitten 4 und 7 „Phänomenologische Theorien der mechanischen und dielektrischen Relaxation" (39 S.), die „Molekulare Theorie der Relaxation" (45 S.) sowie die „Experimentellen Methoden" (52 S.).

In den daran anschließenden Abschnitten 8 bis 14 ist ein umfangreiches experimentelles Material zusammengestellt; und zwar werden dabei über 800 Literaturstellen ausgewertet. Dieses Buch gibt einen ausgezeichneten Überblick über das Gebiet der mechanischen und dielektrischen Relaxation. Es ist damit ein Nachschlagwerk, was in keinem Labor über Polymerphysik fehlen sollte.

Speziell enthalten die Abschnitte 8 bis 14 Angaben über folgende Polymere: 8. Methacrylat und verwandte Polymere (62 S.; 45 Abb.). 9. Polyvinylester und verwandte Polymere (53 S.; 37 Abb.). 10. Kohlenwasserstoff-Polymere (68 S., 37 Abb.). 11. Halogen-Polymere (57 S.; 47 Abb.). 12. Polyamide und Polyurethane (25 S.; 14 Abb.). 13 Polyester und Polycarbonate (39 S.; 16 Abb.). 14. Oxid-Polymere (36 S.; 27 Abb.). *Ch. Ruscher*

Methods of Wood Chemistry. Von *B. L. Browning.* New York/London/Sydney: Interscience Publ. 1967. Vol. I. XIX, 384 S. Lwd. 140 s. Vol. II. XXI S., S. 387–882. Lwd. 175 s.

Der Titel dieses zweibändigen Werkes unterschlägt einen sehr bedeutenden Teil des Inhaltes, nämlich die kurzen, prägnant formulierten theoretischen Einleitungen zu jedem Abschnitt, so daß neben den Methoden auch noch ein Abriß der Holzchemie vorliegt. Der Autor betont in seinem Vorwort, daß er nicht eine Sammlung von „Kochrezepten" herausbringen, sondern in einer fundierten Auswahl von Methoden dem Benutzer gesicherte Angaben in die Hand geben wollte. Aus diesem Grunde sind die Methoden ausführlicher beschrieben, wobei auch auf Fehlermöglichkeiten, kleine Kniffe und Varianten hingewiesen wird. Die Auswertung der Versuchsergebnisse wird, wo es angebracht erscheint, ebenfalls behandelt. Weiterhin finden sich in den Text gut eingearbeitete Bemerkungen zum Ablauf der chemischen Reaktionen, so daß der Leser auch darüber informiert wird, was und wie etwas geschieht. Innerhalb der einzelnen Kapitel sind Schemata über Analysengänge als Orientierungshilfen aufgenommen.

Der erste Band enthält im ersten Teil eine allgemeine Übersicht über die Zusammensetzung des Holzes und allgemeine Laboratoriumsmethoden, wobei u. a. hier bereits die Papier-, Dünnschicht-, Säulen- und Gaschromatographie, sowie die Spektralphotometrie abgehandelt werden. Im zweiten Teil folgen die Extraktstoffe im weitesten Sinne. Der dritte Teil enthält Farbreaktionen, Untersuchungen der Rinde, Bestimmung anorganischer Elemente, Quellungserscheinungen und die Bestimmung des spezifischen Gewichtes und der Dichte.

Der zweite Band enthält Cellulose, nichtcellulosehaltige Kohlenhydrate und Lignin. Dabei wird u. a. behandelt die Isolierung und Bestimmung der Cellulose, ihre Löslichkeit in alkalischen Lösungsmitteln, reduzierende Gruppen, Carboxylgruppen, chemische Modifikation der Cellulose, Kristallinität und Accessibilität, Viskosität und Bestimmung der rel. Molekülmasse. Bei den nichtcellulosehaltigen Kohlenhydraten wird auf die Zuckerbestimmung, Uronsäuren, Acetyl- und Methoxylgruppen eingegangen.

Eine übersichtliche Gliederung im Inhaltsverzeichnis und ein Register ermöglichen ein schnelles Nachschlagen. Das Werk wird mit einem umfangreichen Literaturverzeichnis beschlossen. Dieses Werk werden alle, die mit der Holz- und Cellulosechemie in Berührung kommen, mit Gewinn zur Hand nehmen. *G. Casperson*

Man-made Fibers: Science and Technology. Hgg. von *H. F. Mark, S. M. Atlas* und *E. Cernia.* Vol. I. (Polymer Engineering and Technology). New York/London/Sidney: Interscience Publ./Wiley & Sons 1967. XI, 432 S. Lwd 165 s.

Da *R. Hill* keine Neuauflage seines Buches *Fibers from Synthetic Polymers* — vor 15 Jahren das opus magnum über die Synthesefasern — geplant hat, wollen die Herausgeber des vorliegenden Buches die entstandene Lücke schließen. Es ist der erste Teil eines neuen, dreibändigen Werkes, das die neuesten Erkenntnisse auf dem Gebiet des Erspinnens von Fäden, ihrer Struktur, ihrer Eigenschaften und Anwendung vermitteln soll.

Wie die Herausgeber im Vorwort betonen, beabsichtigen sie dabei nicht, die *Synthese* der faserbildenden Polymeren näher zu behandeln. Dafür sollen die Cellulosefasern aufgenommen werden, u. a. da diese in den letzten 15 Jahren einen „spectacular progress" erfahren hätten. Schließlich wird darauf hingewiesen, daß während dieser Zeit auch die Lokalisierung von Forschung und Technik sich verändert habe; es sei deshalb notwendig und zweckmäßig gewesen, ein „weltweites Team" zu organisieren.

Im ersten Band geht es in 10 Kapiteln hauptsächlich um die Prinzipien der Fadenbildung und um Faserstrukturen.

S. M. Atlas und *H. F. Mark* leiten den Band ein mit einer zusammenfassenden Übersicht über *Structural Principles of Fiber-Forming Polymers*, und wir wollen hier nicht an Kleinigkeiten Kritik üben. Von den gleichen Autoren stammt ein kurzes Kapitel über *Principles of Spinning of Emulsion and Suspension*, in dem das Prinzip der Herstellung von TEFLON- und Keramik-Fäden beschrieben wird.

Auch *A. Ziabicki* ist zweimal in diesem Band vertreten. Er schrieb — als derzeit wahrscheinlich am meisten kompetenter Fachmann — die Kapitel *Physical Fundamentals of the Fiber-Spinning Processes* und *Principles of Melt-Spinning*. Sie sind abgeklärt und umfassend. Sonst leider oft vernachlässigt, wird diesmal auch ausführlich die Problematik des Trockenspinnens diskutiert (*J. Corbiere: Fundamental Aspects of Solution Dry-Spinning*).

Der Lösungszustand ist Gegenstand des Abschnittes *Fundamental Aspects of Wet-Spinning Solutions* von *F. Siclari*. Die Viskose-Leute können sich hier freuen — der Polyacrylnitril-Spinner muß mit fast nichts zufrieden sein.

In grundsätzlich angelegten, anschaulich gestalteten und inhaltsreichen Kapiteln werden Strukturprobleme dargeboten: *K. Ueberreiter: Transition Phenomena and Their Importance for Fiber Structure*, und *A. Peterlin: The Role of Chain Folding in Fibers*.

Der Titel der Arbeit von *O.* und *I. Szabolcs* ist etwas irreführend: *Current Ideas on the Morphology of Synthetic Fibers*, denn auch den Fasern auf Basis Cellulose wird viel Platz eingeräumt.

Schließlich gibt es noch ein Kapitel zum aktuellen Thema *Conjugate Fibers* von *E. M. Hicks, E. A. Tippetts, J. V. Hewett* und *R. H. Brand*.

Die Zusammenstellungen *Author* und *Subject Index* am Ende des Buches erleichtern Recherchen wesentlich.

Aus dieser Inhaltsangabe dürfte hervorgehen, daß dieses Buch für alle Fachkollegen, die sich mit Chemiefasern beschäftigen, von größtem Interesse ist.

Das Werk wurde — wie gewohnt — hervorragend ausgestattet. *V. Gröbe*

Gelchromatographie (Gelfiltration, Gelpermeation, Molekülsiebe). Ein Laboratoriumsbuch. Von *Helmut Determann*. Berlin/Heidelberg/New York: Springer 1967. XII, 204 S. Lwd. DM 32,—.

Die Gelchromatographie ist eine neue Methode zur Trennung, Reinigung und Analyse von Stoffgemischen. Meist trennt sie die Substanzen nach ihren rel. Molekülmassen. Sie hat sich besonders in der Biologie und der Medizin an hochmolekularen Verbindungen bewährt. In den letzten Jahren ist sie auch für die Analyse von synthetischen Polymeren mit stetig wachsendem Erfolg eingesetzt worden. Ihr Anwendungsbereich reicht also von den lebenden Viren über Proteine, Kohlenhydrate und Nucleinsäuren mit ihren Bausteinen, über Hormone, Antibiotika und Lipide bis hin zu den synthetischen Polymeren. Die Gelchromatographie läßt sich apparativ besonders einfach durchführen. Dadurch ist es auch möglich, sie relativ leicht zu automatisieren und sie somit für die in steigendem Maß geforderte Routineanalytik komplizierter hochmolekularer Systeme einzusetzen.

Der Autor des Buches hat sich wegen dieser vielfältigen Anwendungsmöglichkeiten darauf beschränkt, einen Leitfaden zur Anwendung der Gelchromatographie zu geben, in dem die praktischen Gesichtspunkte im Vordergrund stehen und keine vollständige Aufzählung aller Ergebnisse, die mit der Gelchromatographie erhalten wurden, angestrebt worden war. Das Buch soll, wie sein Untertitel angibt ein Laboratoriumsbuch sein.

Das Werk ist in fünf Kapitel gegliedert. Nach einer kurzen Einführung mit historischem Überblick folgt eine ausführliche Abhandlung über die Praxis der Gelchromatographie. Hier werden die für die Gelchromatographie wesentlichen Gele mit ihren Eigenschaften und Herstellungsbedingungen, die notwendigen Geräte, wie Kolonnen, Pumpen, Detektoren und integrierte Einheiten, sowie die verschiedenen Versuchstechniken beschrieben. Das dritte Kapitel befaßt sich mit der Theorie der Gelchromatographie. Entsprechend der Zielstellung des Buches ist es relativ kurz gehalten. Es beschreibt die rechnerische Behandlung der Versuchsergebnisse und der Eigenschaften der Gelpackung. Die wesentlichen Theorien zur Deutung des Trenneffektes werden vorgestellt. Als nächstes werden die verschiedenen Anwendungsprinzipien geschildert. Es sind dies die Gelfiltration, die Gelchromatographie, die Bestimmung der rel. Molekülmasse und die Trennung von Substanzen ohne unterschiedliche Molekülgröße. Das letzte Kapitel behandelt Ergebnisse, die mit Hilfe der Gelchromatographie vorwiegend mit natürlichen Makromolekülen und in der biologischen Chemie erhalten wurden. Zu jedem Kapitel gehört ein kurzes Literaturverzeichnis. Eine knappe Bibliographie, ein Namens- und Sachverzeichnis beschließen das Buch.

Der Autor nannte sein Buch im erweiterten Titel Gelchromatographie (Gelfiltration, Gelpermeation, Molekülsiebe) und weist damit auf die verschiedenen Trennmöglichkeiten mit vernetzten hochmolekularen Partikeln und auf Nomenklaturfragen hin. Der Rezensent schließt sich aus praktischen Gründen dem Vorschlag des Autors an, als Überbegriff das Wort „Gelchromatographie" zu verwenden. Es bezeichnet das Verfahren besser als der ursprünglich geprägte Begriff Gelfiltration und ist nicht so ein Wortungetüm wie der jetzt auch im deutschen Sprachgebrauch immer häufiger angewandte Begriff Gelpermeationschromatographie.

Zusammenfassend kann gesagt werden, daß das Buch eine sehr gut gelungene Einführung in das Gebiet der Gelchromatographie ist. Derjenige, der sich in das Gebiet einarbeiten will, gewinnt einen Überblick über die Möglichkeiten dieses Verfahrens. Aber auch diejenigen, die sich schon längere Zeit mit der Gelchromatographie beschäftigen, werden immer wieder Anregungen aus ihm entnehmen können. *P. Fritzsche*

Statistische Kontrollmethoden in der Textilindustrie. Von *L. Klemm, H.-J. Riehl, H. Siegel* und *W. Troll*. 3. erw. u. verb. Aufl. Leipzig: Fachbuchverlag 1968. 415 S., 130 Bild., 13 Tab. und 15 Diagr. Hlblwd. M 40,—.

Dem Autorenkollektiv ist es in diesem Buche gelungen, einen umfassenden und verständlichen Überblick über die mathematisch-statistischen Grundlagen und über die Anwendungsmöglichkeiten der statistischen Kontrollmethoden in der Textilindustrie zu geben. Die dritte Auflage behält im wesentlichen den inhaltlichen Aufbau der vorhergehenden Auflagen bei, indem zunächst nach Einführung statistischer Grundbegriffe und der Behandlung statistischer Größen von Häufigkeitsverteilungen in zahlreichen Beispielen das Auswerten von Versuchen dargelegt wird. Anschließend wird die Anwendung von Kontrollkarten und Stichprobenplänen zur statistischen Qualitätskontrolle und -regulierung beschrieben, wobei die Stichprobenpläne für die Variablenprüfung gegenüber der zweiten Auflage neu aufgenommen wurden. In den abschließenden Kapiteln wird die Anwendung der statistischen Methoden in den einzelnen Gebieten der Textilindustrie (in der Spinnerei, Weberei, Wirkerei und Strickerei sowie Textilveredlung) behandelt. Dabei ist das Gebiet der Textilveredlung in die dritte Auflage neu einbezogen worden. Die im Anhang des Buches vorhandenen Tabellen und Diagramme liefern eine wertvolle Ergänzung zur statistischen Auswertung von Versuchsergebnissen.

Mit diesem Fachbuch wird im Literaturangebot auf dem Gebiet der mathematischen Statistik eine Lücke geschlossen, indem dem Leserkreis die industrielle Anwendbarkeit statistischer Methoden unter gleichzeitiger exakter Behandlung mathematischer Grundlagen in vielseitiger Weise aufgezeigt wird. Die gute methodische Darstellung und der systematische Aufbau der Stoffdarbietung werden auch in der dritten Auflage die verdiente Anerkennung finden. *G. Putzger*

Patentschau

Auszug aus Lieferung 7/8/1968 der Patentschau „Faserstoffe und Textiltechnik“, Ausgabe A: Faserstoffe einschl. Kunststoffe und organ. Grundsubstanzen, zusammengestellt von der Abteilung Wissenschaftliches Berichtswesen des Instituts für Faserstoff-Forschung der DAW, 153 Teltow-Seehof, Kantstr. 55

Die Patentschau ist nach der deutschen Patentklasseneinteilung gegliedert. Es bedeuten: DDP = DDR-Patent; DBP = Deutsches Bundespatent; DAS = (West)-Deutsche Auslegeschrift; OeP = Österreichisches Patent; PoP = Polnisches Patent; SzP = Schweizer Patent; FrP = Französisches Patent; GBP = Britisches Patent; JaP = Japanisches Patent; SvP = Schwedisches Patent; SUP = Sowjetisches Patent; ČSP = Tschechoslowakisches Patent; USP = Amerikanisches Patent; A = Anmeldedatum, B = Tag der Ausgabe der Patent- bzw. Auslegeschrift.

Klasse 12o, 6. Synthetische Derivate der Kohlenhydrate u. dgl., z. B. Celluloseester, auch Viskose

DDP 59556. Verfahren zur Herstellung von grenzflächenaktiven Saccharose-Epoxidharz-Derivaten. Erf. u. Inh.: *Ernst Ulsperger*, Berlin. A. 24. 2. 67, B. 5. 1. 68. Kl.: 12o, 6. A.-Z.: WP 12o/122896.

DDP 59557. Verfahren zur Herstellung von Celluloseacetat. Erf. u. Inh.: *Werner Saupe*, Eilenburg u. *Rolf Müller*, Eilenburg. A. 22. 12. 66, B. 5. 1. 68. A.-Z.: WP 12o/121720.

USP 3332937. Verfahren und Vorrichtung zum Verdünnen einer essigsauren Celluloseacetatlösung mit Wasser. Erf. u. Inh.: *Luciano, Jori* 4 Via Freguglia, Mailand (It). A. 3. 6. 63, B. 25. 7. 67. Kl.: 260 – 230. 3 Anspr. A.-Z.: 285092. Prior.: 22. 6. 62 (It; A.-Z.: 12505/62). Entspr. SzP 422311, FrP 1365604 u. GBP 1030323.

Klasse 12o, 14. Aromatische Carbonsäuren und Harzsäuren (*teilweise*)

DAS 1247291. Verfahren und Vorrichtung zur Herstellung von Dialkylterephthalaten durch Abbau von Polyäthylenglykolterephthalaten. Erf.: *Johannes Heinze, Helmut Ramm* u. *Hans Richardt*. Anm.: VEB Chemiefaserwerk Schwarza „Wilhelm Pieck“, Rudolstadt. A. 28.4.64, B. 17.8.67. Kl.: 12o, 14. A.-Z.: V 25911 IVb/12o.

Klasse 12o, 19/01. Ungesättigte Kohlenwasserstoffe (*teilweise*).

DAS 1248640. Verfahren zur Oligomerisation bzw. Mischoligomerisation von olefinischen Kohlenwasserstoffen mit 2 bis 4 C-Atomen. Erf.: *Erwin Elmer Meisinger, Herman Samuel Bloch, Ernest Leo Pollitzer* u. *George Roderick Donaldson*. Anm.: Universal Oil Products Co., Des Plaines, Ill. (US). A. 8. 11. 60, B. 31. 8. 67. Kl.: 12o, 19/01. A.-Z.: U 7563 IVb/12o.

OeP 261557. Verfahren zur Herstellung von Monoolefinen. Erf.: *Olav-Torgeir Onsager*. Inh.: Sentralinstitutt for industriell forskning, Oslo. A. 4. 2. 66, B. 15. 8. 67. Kl.: $12e_1$, 1/05. A.-Z.: 1014/66. Prior.: 12. 2. 65 (No).

Klasse 12o, 21. Carbonsäuren mit ungesättigter Atomkette, z. B. Zimtsäure (*teilweise*)

DAS 1243175. Verfahren zur Herstellung von Acrylsäurenitril und Methacrylsäurenitril durch Umsetzung von Propylen oder Isobutylen mit Sauerstoff und Ammoniak. Erf.: *Kurt Sennewald, Wilhelm Vogt, Joachim Kandler, Rolf Sommerfeld* u. *Günter Sorbe*. Anm.: Knapsack AG, Hürth-Knapsack. A. 7. 12. 60, B. 29. 6. 67. Kl.: 12o, 21. A.-Z.: K 42334 IVb/12o.

DAS 1243176. Verfahren zur Herstellung von Acrylsäurenitril oder Methacrylsäurenitril durch Umsetzung von Propylen oder Isobutylen mit Luft und/oder Sauerstoff und Ammoniak. Erf.: *Kurt Sennewald, Wilhelm Vogt, Joachim Kandler, Rolf Sommerfeld* u. *Günter Sorbe*. Anm.: Knapsack AG, Hürth-Knapsack. A. 18. 4. 61, B. 29. 6. 67. Kl.: 12o, 12. A.-Z.: K 43494 IVb/12o. Entspr. SzP 439260 u. USP 3254110.

DAS 1247300. Verfahren zur Herstellung von Acrylsäurenitril durch Umsetzung von Propylen mit Sauerstoff und Ammoniak. Erf.: *Saburo Minekawa, Shohei Hoshino, Atsushi Shibata* u. *Naoya Kominami*. Anm.: Asahi Kasei Kogyo Kabushiki Kaisha, Osaka (Ja). A. 20. 6. 61, B. 17. 8. 67. Kl.: 12o, 21. A.-Z.: A 37696 IVb/12o. Prior.: 21. 6. 60 (Ja; A.-Z.: 28375).

DAS 1248642. Verfahren zur Herstellung von Acrylsäurenitril durch Umsetzung von Propylen mit Sauerstoff und Ammoniak. Erf.: *Saburo Minekawa, Shohei Hoshino, Atsushi Shibata* u. *Naoya Komonami*. Anm.: Asahi Kasei Kogyo Kabushiki Kaisha, Osaka (Ja). A. 22. 2. 61, B. 31. 8. 67. Kl.: 12o, 21. A.-Z.: A 36778 IVb/12o. Prior.: 26. 2. 60 (Ja; A.-Z.: 5837).

FrP 1505215. Verfahren und Katalysator zur Herstellung von Nitrilen. Inh.: Montecatini Edison S. p. A. A. 20. 12. 66, B. 8. 12. 67. Int. Kl.: C 07c. A.-Z.: 88089. Prior.: 28. 12. 65 (It; A.-Z.: 28834/65, Società Edison).

FrP 1505679. Reinigung von olefinisch ungesättigten Nitrilen. Erf.: *G. H. Lovett*. Inh.: Monsanto Co. A. 8. 12. 66, B. 15. 12. 67. Int. Kl.: C 07c. A.-Z.: 86651. Prior.: 9. 12. 65 (US; A.-Z.: 512651). Entspr. DDP 58300.

Klasse 12p, 5. Stickstoffringe der heterocyclischen Reihe mit einem Stickstoffatom. Sonstige Ringe mit einem Stickstoffatom . . .; Lactame . . . (*teilweise*)

OeP 261568. Verfahren zur Herstellung von ω-Laurinolactam. Inh.: Stamicarbon N. V., Heerlen (Nd). A. 14. 2. 66, B. 15. 8. 67. Kl.: $12c_1$, 13. A.-Z.: 1323/66. Prior.: 17. 2. 65 (Nd).

SzP 450433. Verfahren zur Reinigung von Lactamen. Erf.: *Clau Berther* u. *Richard Sailer*. Inh.: Inventa AG für Forschung und Patentverwertung. Zürich, Stampfenbachstraße 38, Zürich. A. 15. 6. 65, Kl.: 12p, 5. A.-Z.: 8300/65. Entspr. FrP 1484110.

USP 3359260. Reinigung von ε-Caprolactamen. Erf.: *Richard L. Roberts* u. *Donald L. MacPeek*. Inh.: Union Carbide Corp. A. 30. 12. 64, B. 19. 12. 67. Kl.: 260 – 239,3. 11 Anspr. A.-Z.: 422140.

Klasse 29a. Mechanische Gewinnung von Gespinstfasern

JaP 19884/67. Verfahren zum Verteilen faserförmiger Materialien. Inh.: Nitto Boseki Co. Ltd. A. 12. 8. 64, B. 5. 10. 67. Kl.: 43A.

SUP 207320 (Urheberschein). Baumwollreiniger. Erf.: *I. Ja. Zacharov* u. *L. V. Slezkova*. A. 22. 11. 65, B. 22. 12. 67. Kl.: 29a, 1 (45c, 45/18). A.-Z.: 1039288/30 – 15 (unter Einbeziehung der Anm. m. A.-Z.: 1042114/30).

SUP 208176 (Urheberschein). Vorrichtung zur Reinigung von Fasermaterial. Erf.: *T. E. Kanunnik* u. *S. P. Ivanov*. Anm.: Central'nyj naučno-issledovatel'skij institut chlopkovoj promyšlennosti. A. 8. 2. 66, B. 29. 12. 67. Kl.: 29a, 1. A.-Z.: 1053830/28 – 12.

SUP 208179 (Urheberschein). Vorrichtung zur Reinigung von Fasermaterial im Transportfluß. Erf. u. Anm.: *P. A. Grišečkin, L. R. Skovoroda* u. *Ju. Ja. Ževelev*. A. 8. 8. 66, B. 29. 12. 67. Kl.: 29a, 1 (76b, 36/01). A.-Z.: 1096518/28 – 12.

SUP 207322 (Urheberschein). Bandbildungsvorrichtung für Schlagmaschinen für Bastfaserkulturen. Erf.: *V. V. Andreev* u. *A. G. Ovčinnikova*. Inh.: Central'nyj naučno-issledovatel'skij institut promyšlennosti lubjacuch volokon. A. 19. 8. 65, B. 22. 12. 67. Kl.: 29a, 2/03. A.-Z.: 1022585/28 – 12.

JaP 22088/67. Schneidvorrichtung für Seiden. Inh.: Kotobuki Kogyo Co. Ltd. A. 12. 6. 64, B. 30. 10. 67. Kl.: 43A.

GBP 1094688. Verfahren zur Herstellung synthetischer Fäden und die damit erhaltenen Fäden. Inh.: Snia Viscosa Soc. Nazionale Industria Applicazioni Viscosa S. p. A. A. 17. 6. 65, B. 13. 12. 68. Kl.: D1.W. Int. Kl.: D 02g 3/00. A.-Z.: 25645/65. Prior.: 20. 6. 64 (It; A.-Z.: 13641). Entspr. FrP 1439436.

JaP 18561/67. Vorrichtung für das konjugierte Spinnen. Inh.: Mitsubishi Rayon Co. Ltd. A. 18. 11. 63, B. 23. 9. 67. A.-Z.: 61670/63.

SUP _08887 (Urheberschein). Walze für eine Maschine zur kontinuierlichen Herstellung von Chemiefaserstoffen. Erf. u. Anm.: *N. I. Nesvižskij, L. A. Čemisova, O. V. Trjaskin, T. A. Jaskina, M. A. Bičuckij* u. *E. G. Korobkova*. A. 17. 12. 66, B. 17. 1. 68. Kl.: 29a, 6/07. A.-Z.: 1119618/28 – 12.

FrP 1506823. Verfahren zur Behandlung von Faserstoffen durch Flüssigkeiten und Vorrichtung zur Ausführung. Erf.: *A. D. Malikov*. Inh.: Konkosukonnaya fabrika im. Petra Alexeeva. A. 27. 12. 66, B. 22. 12. 67. Int. Kl.: B 05c u. D 06m. A.-Z.: 89006.

FrP 1507530. Verstärkter Celluloseacetatfaden. Inh.: R. Torsellini, A. 5. 1. 67, B. 8. 12. 67. Int. Kl.: D 02g u. D 01d. A.-Z.: 90078. Prior.: 15. 1. 66 (It; A.-Z.: 737/66).

GBP 1093422. Verfahren zur Herstellung von Polyamidfäden mit geringer Schrumpfneigung. Inh.: Société de la Viscose Suisse. A. 28. 1. 64, B. 6. 12. 67. Kl.: B5.B, Int. Kl.: D 02j 1/2 . A.-Z.: 3710/64. Entspr. SzP 424071 u. FrP 142735.

JaP 22566/67. Verstreckungsverfahren mit hoher Geschwindigkeit. Inh.: Toyo Rayon Co. Ltd. A. 28. 12. 64, B. 4. 11. 67. A.-Z.: 73764/64.

FrP 1506235. Spinnkopf zur Herstellung von zusammengesetzten synthetischen Fäden. Erf.: *K. Ueda, K. Nagata, K. Fuita* u. *K. Iwamoto*. Inh.: Kanegafuchi Boseki Kabushiki Kaisha u. Snia Viscosa Societa Nazionale Industria Applicazioni Viscosa. A. 28. 12. 66, B. 15. 12. 67. Int. Kl.: D 01d. A.-Z.: 89246.

GBP 1096316. Spinndüsen. Inh.: Imperial Chemical Industries Ltd. A. 31. 3. 64, B. 29. 12. 67. Kl.: B5.B. Int. Kl.: D 01d 3/00. A.-Z.: 13327/64. Entspr. SzP 421372 u. USP 3321802.

JaP 22561/67. Düsenanordnung. Inh.: Wippon Exlan Co. Ltd. A. 2. 7. 64, B. 4. 11. 67. A.-Z.: 37732/64.

USP 3357047. Düse zum Spinnen von Fäden und Verfahren zur Herstellung solcher Düsen. Erf.: *Alfred Keil, Heinz Mally, Hans Gruhl* u. *Adolf Wölfl*. Inh.: VEB Sächsisches Kunstseidenwerk Siegfried Rädel, Pirna. A. 20. 8. 65, B. 12. 12. 67. Kl.: 18 – 8. 2 Anspr. A.-Z.: 481371.

SUP 208182 (Urheberschein). Untere Abdichtung der Kapsel der Spinnzentrifuge. Erf.: *E. K. Avvakumov, A. G. Borik, A. N. Šmelev, G. P. Savin, R. R. Gecht* u. *V. A. Toropov*. Anm.: Klinskij kombinat chimičeskich volokon. A. 30. 8. 66, B. 29. 12. 67. Kl.: 29a, 6/14. A.-Z.: 1099887/28 – 12.

SUP 208889 (Urheberschein). Vorrichtung zur Fadenablage. Erf.: *A. G. Jas'kov, V. A. Pirogov, V. I. Čarovaja* u. *G. M. Cernienko*. Anm.: Vsesojuznyj naučno-issledovatel'skij institut mašin dlja proizvodstva sintetičeskich volokon. A. 12. 12. 66, B. 17. 1. 68. Kl.: 29a, 6/15. A.-Z.: 1117766/28 – 12.

GBP 1094933. Selbstkräuselnde Fäden. Inh.: Imperial Chemical Industries Ltd. A. 20. 4. 65, B. 13. 12. 67. Kl.: B5.B. Int. Kl.: D 01f 7/02. A.-Z.: 16543/65. Entspr. FrP 1476482.

SUP 208187 (Urheberschein). Verfahren zur Herstellung von Kräuselgarn aus Chemiefaserkabel. Erf. u. Anm.: *Rudolf Radigk, Alfred Hotorn* u. *Erhard Fritzsche*. A. 13. 3. 64, B. 29. 12. 67. Kl.: 29a, 6/20. A.-Z.: 888852/28 – 12.

FrP 1506247. Vorrichtung zum Abkühlen von aus geschmolzenen Polymeren hergestellten Fasern. Inh.: Vsesojuzny nauchno-issledovatelsky institut mashin dlja proizvodstva sinteticheskikh volokon. A. 29. 12. 66, B. 15. 12. 67. Int. Kl.: D 01d. A.-Z.: 89298.

USP 3358326. Vorrichtung zur Herstellung von künstlichen Fäden durch Schmelzspinnen. Erf.: *Johan P. Nommensen* u. *Hendrik Waning*. Inh.: Stamicarbon N. V., Heerlen (Nd). A. 1. 12. 65, B 19. 12. 67. Kl.: 18 – 8. 10 Anspr. A.-Z.: 510925. Prior.: 3. 12. 64 (Nd; A.-Z.: 64 – 14014).

USP 3356783. Verfahren zur Herstellung von fadenartigen Mikrobändern mit labyrinthartigem Querschnitt. Erf.: *Fred A. Phillips*. Inh.: The Dow Chemical Co., Midland, Mich. A. 4. 2. 66, B. 5. 12. 67. Kl.: 264 – 285. 9 Anspr. A.-Z.: 534601.

Klasse 29b. Chemische Gewinnung bzw. Herstellung von Spinnfasern und Fäden sowie ihre Präparation für die textile Weiterverarbeitung

SzP 451398. Verfahren zur Herstellung von Fasern aus regenerierter Cellulose. Erf.: *Mitoshi Tonami, Yoichi Uchida* u. *Tatsuo Fujii*. Inh.: Teijin Ltd., No. 53, 1-chome, Edobori, Nishi-ku, Osaka (Ja). A. 28. 5. 63, Kl.: 29b, 3/20. A.-Z.: 6657/63. Prior.: 28. 5. 62 (Ja; A.-Z.: 21065/62). Entspr. FrP 1364816 u. GBP 1029736.

USP 3359155. Verfahren zur Herstellung einer Viskosespinnlösung, daraus erzeugte Fasern und solche Fasern enthaltendes Papier. Erf.: *Yoichi Kajitani*. Inh.: Kurashiki Rayon Co. Ltd., Kurashiki (Ja). A. 16. 10. 64, B. 19. 12. 67. Kl.: 162 – 146. 12 Anspr. A.-Z.: 404271. Prior.: 28. 10. 63 u. 16. 12. 63 (Ja; A.-Z.: 38/57821 u. 38/67373). Entspr. GBP 1088242..

JaP 18577/67. Konjugierte Polyamidfasern. Inh.: Toyo Rayon Co. Ltd. A. 2. 12. 64, B. 23. 9. 67. A.-Z.: 67497/64.

USP 3359344. Gemischt gesponnene Fäden, die Polyamide oder Polyester und als zweite Komponente Polyäthylen, Polypropylen oder Polystyrol enthalten. Erf.: *Osamu Fukushima*. Inh.: Kurashiki Rayon Co. Ltd., Kurashiki (Ja). A. 6. 7. 64, B. 19. 12. 67. Kl.: 260 – 857. 3 Anspr. A.-Z.: 380621. Prior.: 22. 7. 63 (Ja; A.-Z.: 38/39160 u. 38/39161).

GBP 1095750. Verfahren zum Spinnen von kristallinen Polyoxymethylenpolymeren. Inh.: Montecatini Edison S. p. A. A. 2. 12. 66. B. 20. 12. 67. Kl.: B5.B. Int. Kl.: D 01d 5/10. A.-Z.: 54023/66. Prior.: 6. 12. 65 (It; A.-Z.: 27150).

FrP 1507772. Verfahren sowie Produkt zur Verbesserung der textilen Eigenschaften von natürlichen, künstlichen und synthetischen Fasern sowie nach diesem Verfahren erhaltene Fasern. Inh.: Bemberg S. p. A. A. 11. 1. 67, B. 8. 12. 67. Int. Kl.: C 07d u. D 06m. A.-Z.: 90680. Prior.: 11. 1. 66 (It; A.-Z.: 556/66).

JaP 21299/67. Hochfestes Polypropylengarn. Inh.: Mitsubishi Rayon Co. Ltd. A. 19. 4. 63, B. 21. 10. 67. A.-Z.: 20521/63.

JaP 19488/67. Behandlung von synthetischen Fasern. Inh.: Toyo Rayon Co. Ltd. A. 22. 12. 64, B. 2. 10. 67. A.-Z.: 71942/64.

JaP 19499/67. Elastomere Polyurethanfasern. Inh.: Toyo Rayon Co. Ltd. A. 2. 2. 65, B. 2. 10. 67. A.-Z.: 5604/65.

JaP 22433/67. Faserbehandlungskomposition. Inh.: Armour and Co. A. 11. 6. 62, B. 2. 11. 67. Kl.: 48 D.

JaP 22588/67. Erhöhung der Farbstoffaufnahmefähigkeit. Inh.: Mitsubishi Rayon Co. Ltd. A. 26. 2. 64, B. 4. 11. 67. A.-Z.: 10320/64.

Klasse 32a, 37/00. Herstellung von Fasern oder Fäden aus flüssigem Glas, flüssigen Mineralien oder flüssiger Schlacke

OeP 261834. Vorrichtung zur Erzeugung von Vorgarnen, Lunten, Faserbändern u. dgl. aus Glas. Inh.: Glaswerk Schuller GmbH, Wertheim (DB). A. 21. 1. 64, B. 15. 8. 67. Kl.: 32a, 28. A.-Z.: 430/64.

FrP 1506598 (Aj.). Fasern aus Siliciumcarbid. Inh.: Corning Glass Works. A. 10. 11. 66, B. 22. 12. 67. Int. Kl.: C 03b u. C 01b. A.-Z.: 83322.

SUP 208902 (Urheberschein). Anlage zur Faserherstellung. Erf.: *A. T. Alen'kin, V. N. Balašov, E. I. Bober, N. N. Bugrova, L. B. Gamza, V. P. Gorbačev, N. G. Karachanidi, R. N. Kibardin, M. N. Lebedev, V. G. Lipport, A. G. Moiseev, A. A. Ostrovskij, B. M. Polik, A. V. Sonninskij, V. V. Stepin, V. V. Ulybyšev, Ja. A. Škol'nikov, P. S. Chochlov, S. V. Rodionov* u. *N. A. Kutafin.* Anm.: Vsesojuznyj naučno-issledovatel'skij institut stekloplastikov i stekljannogo volokna i ivotskij steklozavod. A. 17. 5. 66, B. 17. 1. 68. Kl.: 32a, 37/02. A.-Z.: 1077178/29 – 14.

SUP 208903 (Urheberschein). Vorrichtung zur Gewinnung von Stapelfaser aus einem Strahl einer anorganischen Schmelze. Erf.: *V. A. Darenskij.* Anm.: Ukrainskij filial vsesojuznogo naučno-issledovatel'skogo instituta stekljannogo volokna. A. 3. 11. 65, B. 17. 1. 68. Kl.: 32a, 37/04. A.-Z.: 1036233/28 – 12.

USP 3360592. Verfahren zur Herstellung von Fasern aus der Nebenproduktschlacke eines Phosphorofens. Erf.: *Eric Rau* u. *William H. Kibbel jr.* Inh.: FMC Corp., New York, N. Y. A. 23. 8. 65, B. 26. 12. 67. Kl.: 264 – 8. 2 Anspr. A.-Z.: 481747.

Klasse 32b. Chemische Zusammensetzung von Gläsern, Glasuren oder Emails; Oberflächenbehandlung von Glas; Verbinden von Glas mit Glas oder anderen Stoffen

FrP 1504919. Verfahren zur Verbesserung der Filtrationseigenschaften von Asbestfasern. Erf.: *S. G. Lipsett.* Inh.: Asbestos Corp. Ltd. A. 7. 12. 66, B. 8. 12. 67. Int. Kl.: C 03b u. B 01d. A.-Z.: 86550. Prior.: 8. 12. 65 (Ca; A.-Z.: 947343).

USP 3356525. Metallcarbidbildung auf Kohlenstoffasern. Erf.: *Carlos L. Gutzeit.* Inh.: Hitco Corp. A. 18. 11. 63, B. 5. 12. 67. Kl.: 117 – 46. 12 Anspr. A.-Z.: 324477.

Klasse 39b. Verarbeitung von plastischen Massen, Kautschuk und hornartigen Stoffen, soweit nicht anderweitig vorgesehen (chemischer Teil), auch von Brems- und Schleifmassen sowie thermischen und akustischen Isoliermassen (teilweise)

GBP 1095931. Dispersionen synthetischer Polymerer. Inh.: Imperial Chemical Industries Ltd. A. 16. 5. 63, B. 20. 12. 67. Kl.: C3.P. Int. Kl.: C 08g 1/00. A.-Z.: 19505/63. Entspr. FrP 1403867.

USP 3357944. Stabilisierung synthetischer organischer polymerer Substanzen mit Oxalo-bis(salicylidenhydraziden). Erf.: *Martin Dexter.* Inh.: Geigy Chemical Corp., Greensburgh, N. Y. A. 26. 11. 63, B. 12. 12. 67. Kl.: 260 – 45,9. 6 Anspr. A.-Z.: 326242. Entspr. SzP 445850, FrP 1415236 u. GBP 1019930.

JaP 19188/67. Polyamidkompositionen. Inh.: Toyo Rayon Co. Ltd. A. 2. 4. 64, B. 28. 9. 67. A.-Z.: 18319/64.

JaP 19190/67. Stabilisator für Polyurethanelastomere. Inh.: Toyo Spinning Co., Ltd. A. 26. 2. 64, B. 28. 9. 67. Kl.: 25 H. A.-Z.: 10551/64.

OeP 261894. Verfahren zur Herstellung von thermoplastischen, schlagfesten und alterungsbeständigen Mischungen. Erf.: *Alessandro Osima, Antonio Casale, Enrico Orsatti* u. *Ibrahim Dakli.* Inh.: Montecatini Soc. Gen. per l'Industria Mineraria e Chimica, Mailand. A. 21. 7. 65, B. 15. 8. 67. Kl.: 39b, 14. A.-Z.: 6703/65. Prior.: 31. 7. 64 (It).

FrP 1505186. Verfahren zur Herstellung eines pulverisierbaren Produktes zum Überziehen und Undurchlässigmachen. Inh.: Chemische Fabrik, Farben und Lacke ppa. Kurt Beltzig KG. A. 19. 12. 66, B. 8. 12. 67. Int. Kl.: C 08g. A.-Z.: 87986.

GBP 1093850. Chlorierte Polymere. Inh. Imperial Chemical Industries Ltd. A. 24. 12. 65, B. 6. 12. 67. Kl.: C3.P. Int. Kl.: C 08c 17/00, C 08d 13/00 u. C 08f 47/00. A.-Z.: 54842/65.

GBP 1094532. Phenolester-Stabilisatoren und Polyolefinkompositionen, die diese enthalten. Inh.: Imperial Chemical Industries Ltd. A. 3. 5. 65, B. 13. 12. 67. Kl.: C2.C. Int. Kl.: C 07c 69/88, 161/00. A.-Z.: 18516/65. Entspr. FrP 1479641.

JaP 19177/67. Stabilisierung von Vinylchloridharzen. Inh.: Nitto Kasei Co., Ltd. A. 1. 4. 64, B. 28. 9. 67. A.-Z.: 17983/64.

JaP 22530/67. Verringerung der Einwirkung von Hitze auf die Schmelzviskosität von ABS-Harzen. Inh.: Toyo Rayon Co. A. 19. 3. 64, B. 4. 11. 67. A.-Z.: 15056/64.

JaP 22534/67. Nichtentzündbare Polystyrolharzkomposition. Inh.: Nippon Olefin Kagaku K. K. A. 11. 9. 64, B. 4. 11. 67. A.-Z.: 51402/64.

JaP 22694/67. Denaturierung von Polyolefinen hoher relativer Molekülmasse. Inh.: Showa Denko K. K. A. 13. 3. 65, B. 6. 11. 67. A.-Z.: 20787/65.

SUP 208259 (Urheberschein). Verfahren zum Stabilisieren von Polyäthylen. Erf.: *N. P. Lazareva* u. *M. V. Černjakova.* Anm.: Gosudarstvennyj naučno-issledovatel'skij institut polimerizacionnych plastmass und eksperimental'nyj zavod. A. 14. 3. 66, B. 29. 12. 67. Kl.: 39b, 22/06. A.-Z.: 1061376/23 – 5.

USP 3356642. Mit einem Salz einer Piperazinalkansäure stabilisiertes Polyolefin. Erf.: *Salvatore Algieri.* Inh.: Montecatini Edison S. p. A, Mailand (It). A. 26. 1. 65, B. 5. 12. 67. K.: 260 – 45, 75. 10 Anspr. A.-Z.: 428220. Prior.: 27. 1. 64 (It; A.-Z.: 1691/64, 1692/64). Entspr. FrP 1427257 u. GBP 1064404.

USP 3356650. Thermoplastische Polyurethane Erf.: *Wilbur R. McElroy.* Inh.: Mobay Chemical Co., Pittsburgh, Pa. A. 16. 1. 62, B. 5. 12. 67. Kl.: 260 – 77,5. 7 Anspr. A.-Z.: 166692. Entspr. DAS 1254356 u. GBP 1034735.

USP 3358053. Kristallines Propylenpolymeres, das 4 bis 10% Äthylen enthält, gemischt mit linearem Polyäthylen. Erf. u. Inh.: *E. Donald Hostetler,* 35 Mountain Ave., Pompton Plains, N. J. 07444. A. 9. 11. 64, B. 12. 12. 67. Kl.: 260 – 876. 4 Anspr. A.-Z.: 409998. Entspr. FrP 1453601.

USP 3359234. Ein Nickel-Alkanoat und ein Thiobisphenol enthaltende stabilisierte Polyolefine. Erf.: *Jerry Peter Milionis* u. *James Anthony Melchore.* Inh.: American Cyanamid Co., Stamford, Conn. A. 26. 6. 63, B. 19. 12. 67. Kl.: 260 – 45,75. 8 Anspr. A.-Z.: 290609.

JaP 22300/67. Härten von ungesättigten Polyesterharzen. Inh.: Nippon Paint Co. Ltd. A. 1.11. 63, B. 1. 11. 67. A.-Z.: 58461/63.

FrP 1506800. Behandlung von elastomeren Polymeren, die durch Polymerisation in flüssiger Phase erhalten wurden. Erf.: *G. di Drusco* u. *P. Galli.* Inh.: Montecatini Edison S. p. A. A. 27. 12. 66, B. 22. 12. 67. Int. Kl.: C 08d u. C 08f. A.-Z.: 88933. Prior.: 30. 12. 65 (It; A.-Z.: 29170/65).

Klasse 39c. Herstellen von Kunstharzen

FrP 1506519 (Aj.). Verfahren zur Herstellung von zusammengesetzten Materialien auf Basis von Polyimiden. Inh.: Société des Usines Chimiques Rhône-Poulenc. A. 8. 11. 66, B. 22. 12. 67. Int. Kl.: C 08g, B 24d u. B 32b. A.-Z.: 82937.

GBP 1092891. Anionische Polymerisation von Lactamen. Inh.: Stamicarbon N. V. A. 26. 3. 65, B. 29. 11. 67. Kl.: C 3. R, Int. Kl.: C 08g 19/00. A.-Z.: 13001/65. Prior.: 7. 4. 64 (Nd; A.-Z.: 6403653). Entspr. SzP 437709 u. FrP 1429097.

GBP 1093405. Anionische Polymerisation von Lactamen. Inh.: Stamicarbon N. V. A. 26. 2. 64, B. 29. 11. 67. Kl.: C 3. R, Int. Kl.: C 08g 19/00. A.-Z.:8/65. 847Prior.: 4. 3. 65 (Nd; A.-Z.: 6402132). Entspr. FrP 1425819.

USP 3360502. Polyesteramidimide von Bis-trimellithaten. Erf.: *Donald F. Loncrini.* Inh.: General Electric Co. A. 31. 10. 63, B. 26. 12. 67. Kl.: 260 – 78. 9 Anspr. A.-Z.: 320516. Entspr. FrP 1412896.

FrP 1504423. Heterocyclische, stickstoffhaltige, hitzebeständige Harze und Verfahren zu ihrer Herstellung. Erf.: *G. Rabilloud, B. Sillion* u. *G. de Gaudenaris.* Inh.: Institut Francais du Petrole des Carburants et Lubrifiants. A. 22. 10. 65, B. 8. 12. 67. Int. Kl.: C 08g. A.-Z.: 36007.

JaP 19270/67. Polybenzoxazole. Inh.: Teijin Ltd. A. 21. 12. 63, B. 29. 9. 67. A.-Z.: 68882/63.

SUP 208930 (Urheberschein). Verfahren zur Modifizierung von Polyvinylpyridin, Polyvinylpyrrolidon oder Polyvinylcarbazol. Erf.: *Ju. I. Vasilenov, B. E. Davydov, B. A. Krencel'* u. *B. I. Sazin.* Anm.: Naučno-issledovatel'skij institut polimerizacionnych plastmass. A. 6. 11. 65, B. 17. 1. 68. Kl.: 39b, 22/04 (39b, 22/06). A.-Z.: 1036922/23 – 5.

GBP 1096150. Vorrichtung für kontinuierliche Polykondensationsreaktionen. Inh.: Toyo Rayon K. K. A. 23. 12. 64, B. 20. 12. 67. Kl.: B1. X, Int. Kl.: B 01f 7/08. A.-Z.: 52344/64. Prior.: 26. 12. 63 (Ja; A.-Z.: 69789).

GBP 1096899. Verfahren zur Polymerisation oder Copolymerisation cyclischer Ester von Kohlenwasserstoffsäuren. Inh.: Shell Internationale Research Maatschappij N. V. A. 13. 12. 65, B. 29. 12. 67. Kl.: C 3. R. Int. Kl.: C 08g 17/02. A.-Z.: 52869/65. Prior.: 14. 12. 64 (Nd; A.-Z.: 6414516). Entspr. FrP 1458028.

JaP 22546/67. Herstellung eines hochpolymeren Polyesters. Inh.: Mitsubishi Rayon Co. Ltd. A. 6. 6. 64, B. 4. 11. 67. A.-Z.: 32045/64.

USP 3359238. Thiocarbonat/Carbonat-Copolymere. Erf.: *Eugene P. Goldberg* u. *Frank Scardiglia.* Inh.: Borg-Warner Corp., Chicago, Ill. A. 3. 4. 62, B. 19. 12. 67. Kl.: 260 – 47. 2 Anspr. A.-Z.: 184656. Entspr. FrP 1358685.

GBP 1093149. Stabilisierte Polyoxymethylene. Inh.: E. I. du Pont de Nemours and Co. A. 6. 4. 65. B. 29. 11. 67. K.: C 3. P, Int. Kl.: C 08g 53/00. A.-Z.: 14530/65.

SUP 208939 (Urheberschein). Verfahren zur Herstellung von Polyformaldehyd. Erf.: *N. S. Enikolopov, G. P. Savuškina, O. A. Plečova, L. K. Pachomova, S. A. Vol'fson, I. F. Sanaja, F. I. Dubovickij, A. A. Brikenštejn, G. V. Koroljov, A. F. Lukovnikov, V. P. Volkov, V. I. Iržak, A. A. Abrosimov, M. S. Vardanjan, N. V. Orlova, G. I. Fajdel', L. S. Spičeneckaja, V. I. Ljubomilov, L. M. Romanov, M. G. Volochovskij, K. V. Lipeč, L. F. Ovsjannikov, D. B. Orečkin* u. *M. B. Dorfmann.* Anm.: Institut chimičeskoj fiziki AN SSSR. A. 15. 6. 64, B. 17. 1. 68. Kl.: 39c, 18. A.-Z.: 906662/23 – 5.

SUP 208938 (Urheberschein). Verfahren zur Herstellung von Formaldehydblockcopolymeren. Erf.: *N. S. Enikolopov, G. P. Savuškina, O. A. Plečova, L. K. Pachomova, S. A. Vol'fson, I. F. Sanaja, F. I. Dubovickij, A. A. Brikenštejn, G. V. Koroljov, A. F. Lukovnikov, V. P. Volkov, V. I. Iržak, A. A. Abrosimov, N. S. Vardanjan, N. V. Orlova, G. I. Fajdel', L. S. Spičeneckaja, V. I. Ljubomilov, L. M. Romanov, M. G. Volochovskij, K. V. Lipec, L. F. Ovsjannikov, D. B. Orečkin* u. *M. B. Dorfman.* Anm.: Institut chimičeskoj fiziki AN SSSR. A. 15. 6. 64, B. 17. 1. 68. K.: 39c, 18. A.-Z.: 906666/23 – 5.

GBP 1092824. Verfahren zur Herstellung von aromatischen Polymeren. Inh.: W. R. Grace & Co. A. 9. 4. 65, B. 29. 11. 67. Kl.: C 3. R. Int. Kl.: C 08g 33/00. A.-Z.: 15260/65.

DDP 59935. Verfahren zur Herstellung von emulgatorarmen Polyvinylchlorid. Erf. u. Inh.: *Friedrich Andreas,* Leuna u. *Wolfgang Teubner,* Bitterfeld. A. 8. 11. 66, B. 20. 1. 68. K.l: 39c, 25/01. A.-Z.: WP 39c/120792.

OeP 261892. Verfahren zur Lösungspolymerisation von Acrylnitril. Inh.: Toyo Rayon Kabushiki Kaisha, Tokio. A. 21. 10. 64, B. 15. 8. 67. Kl.: 39b, 14. A.-Z.: 8944/64. Prior.: 21. 10. 63 (Ja).

OeP 261897. Verfahren zur Polymerisation von Vinylchlorid. Inh.: Solvay & Cie., Brüssel. A. 6. 8. 65, B. 15. 8. 67. Kl.: 39b, 14. A.-Z.: 7303/65. Prior.: 9. 9. 64 (Be).

SzP 450729. Verfahren zur Herstellung von Acrylnitrilpolymerisaten. Erf.: *Corrado Mazzolini* u. *Sergio Lo Monaco.* Inh.: ACSA Applicazioni Chimiche S. p. A., Corso Europa 20, Mailand (It). A. 17. 3. 65. Kl.: 39c, 25/01 (29b, 3/65). A.-Z.: 3705/65. Prior.: 18. 3. 64 (It; A.-Z.: 5994/64). Entspr. FrP 1428421.

SzP 451524. Verfahren zur Herstellung von elastomeren Produkten. Erf.: *Alberto Valvassori, Guido Sartori* u. *Vittorio Turba.* Inh.: Montecatini Soc. Gen. per l'Industria Mineraria e Chimica, Mailand (It). A. 5. 6. 64. Kl.: 39c, 25/01. A.-Z.: 7393/64. Prior.: 7. 6. 63 u. 12. 11. 63 (It; A.-Z.: 12064/63 u. 23100/63).

FrP 1504472. Verfahren zur Herstellung von Polymeren auf Acrylnitrilbasis. Inh.: Crylor. A. 3. 5. 66, B. 8. 12. 67. Int. Kl.: C 08f. A.-Z.: 60101.

FrP 1505061. Verbessertes Verfahren zur Polymerisation von Vinylchlorid bei niedriger Temperatur. Erf.: *G. Bersini, L. C. Magagnin, S. Lo Monaco, P. Melacini* u. *F. Visani.* Inh.: Montecatini Edison S. p. A. ACSA Applicazioni Chimiche S. p. A. A. 14. 12. 66, B. 8. 12. 67. Int. Kl.: C 08f. A.-Z.: 87436. Prior.: 17. 12. 65 (It; A.-Z.: 28027/65). Entspr. DDP 58600.

GBP 1093349. Herstellung von Styrol/Acrylnitril-Copolymeren unter Anwendung eines Redoxkatalysatorsystems. Inh.: Ministry of Industrial Chemicals, Rumania. A. 26. 11. 65, B. 29. 11. 67. Kl.: C 3.P, Int. Kl.: C 08f 19/18. A.-Z.: 50264/65.

GBP 1094557. Polymere ungesättigter tertiärer Amine. Inh.: Montecatini Edison S. p. A. A. 23. 11. 66, B. 13. 12. 67. Kl.: C 3.P. Int. Kl.: C 08f 15/02. A.-Z.: 52394/66. Prior.: 29. 11. 65 (It; A.-Z.: 26/453). Entspr. FrP 1502264.

GBP 1095749. Verfahren zur kontinuierlichen Herstellung von spinnbaren Acrylnitrilpolymerlösungen. Inh.: VEB Chemiefaserwerk „Friedrich Engels". A. 17. 10. 66, B. 20. 12. 67. Kl.: C 3.P, Int. Kl.: C 08f 1/06. A.Z.: 46342/66.

GBP 1096750. Verfahren zur Herstellung von Äthylencopolymeren. Inh.: Soc. Italiana Resine S. p. A. A. 20. 7. 66, B. 29. 12. 67. Kl.: C 3.R, Int. Kl.: C 08f 15/00. A.-Z.: 32529/66. Prior.: 27. 7. 65 (It; A.-Z.: 19664). Entspr. FrP 1487924.

JaP 18803/67. Vernetzen eines einen ungesättigten Kohlenwasserstoff enthaltenden Polymeren. Inh.: Asahi Chem. Ind. Co. Ltd. A. 16. 12. 64, B. 26. 9. 67. A.-Z.: 70418/64.

USP 3332918. Kristallkeimtechnik für die Vinylchloridpolymerisation unter Verwendung von Emulgatorsystemen aus zwei Ammoniumsalzen von verschiedenen Sulfocarbonsäureestern. Erf.: *Gianni Benetta, Giorgio Gatta* u. *Francesco Testa*. Inh.: Edison, Mailand (It). A. 12. 12. 63, B. 25. 7. 67. Kl.: 260−85,5. 9 Anspr. A.-Z.: 329952. Prior.: 21. 12. 62 (It; A.-Z.: 25089/62). Entspr. SzP 429187, FrP 1387295 u. GBP 1050625.

USP 3332919. Copolymere von aromatisch heterocyclischen Verbindungen mit äthylenartig ungesättigten Seitengruppen und α-Monoolefinen. Erf.: *Fritz B. Marktscheffel* u. *William C. Feist*. Inh.: Esso Research and Engineering Co. A. 12. 12. 63, B. 25. 7. 67. Kl.: 260−88,1. 12 Anspr. A.-Z.: 329978.

USP 3332926. Thermischer Abbau von Polyolefinen in Gegenwart eines Metallsalzes einer Carbonsäure als Katalysator. Erf.: *Joseph J. Baron jr.* u. *Julius P. Rakus*. Inh.: Allied Chemical Corp., New York, N. Y. A. 21. 4. 64, B. 25. 7. 67. Kl.: 260−93,7. 12 Anspr. A.-Z.: 346419. Entspr. FrP 1425695.

USP 3356668. Verfahren und Katalysator für die Polymerisation von Olefinen. Erf.: *Pierre Dassesse* u. *Roger Dechenne*. Inh.: Solvay & Cie. A. 24. 10. 63, B. 5. 12. 67. Kl.: 260−93,7. 11 Anspr. A.-Z.: 318594. Prior.: 10. 1. 63 (Nd; A.-Z.: 287653). Entspr. SzP 424270, FrP 1379988 u. GBP 1002686.

DDP 59937. Verfahren zur Herstellung polymerer Verbindungen aus Fettsäuretriglyceriden und konjugierten Doppelbindungen. Erf. u. Inh.: *Robert Becker*, Berlin, *Adolf Geiserich*, Berlin u. *Eberhard Kasper*, Teltow. A. 16. 1. 67, B. 20. 1. 68. Kl.: 39c, 15/05. A.-Z.: WP 39c/122154.

Klasse 42k, 50. Textilprüfung, Verfahren. Vorrichtungen und Maschinen zum Prüfen von Fasern, Fäden, Garnen, Geweben auf ihre mechanischen und Festigkeitseigenschaften, auf Spannungen, mechanische Unregelmäßigkeiten, Drall (Drehung), Porösität

SUP 208319 (Urheberschein). Verfahren zur Bestimmung der Lockerheit eines Chemiefaserkabels. Erf.: *A. A. Charebov, M. Ja. Pilikovskij* u. *L. L. Gurvič*. Anm.: Central'nyj naučno-issledovatel'skij institut chlopcatobumažnoj promyšlennosti. A. 4. 6. 66, B. 29. 12. 67. Kl.: 42k, 50. A.-Z.: 1081910/28−12.

SUP 208320 (Urheberschein). Gerät zur Bestimmung der Wickeldichte des Fadens auf einer rotierenden zylindrischen Aufmachung. Erf. u. Anm.: *V. V. Zivetin* u. *D. L. Parfenov*. A. 27. 5. 66, B. 29. 12. 67. Kl.: 42k, 50 (421, 1/01). A.-Z.: 1079217/28−12.

Klasse 47k, 3/00. Führen des Gutes (teilweise)

SzP 451635. Vorrichtung zum Abwickeln eines biegsamen dünnen Produktes. Erf.: *Jean Karamata* u. *Stevan Celebonovic*. Inh.: Rolpa S.a.r.l., 2, rue Vautier, Caourge GE. A. 24. 11. 65. Kl.: 47k, 3/04. A.-Z.: 16118/65.

Klasse 55b. Verfahren zur Herstellung von Zellstoff, Zellstoffkocher, Wiedergewinnung der Ablauge und Abgase

FrP 1506068. Verfahren zur Herstellung von Zellstoff sowie entsprechend erhaltener Zellstoff. Inh.: International Paper Co. A. 23. 12. 66, B. 15. 12. 67. Int. Kl.: D 21c. A.-Z.: 88782.

JaP 26124/67. Herstellung von Zellstoff aus Nadel/Laub-Baum. Inh.: Jujo Paper Co. Ltd. A. 27. 1. 64, B. 12. 12. 67. Kl.: 39A.

JaP 22086/67. Regenerieren von Aufschlußmittel aus Ablauge. Inh.: Mitsubishi Heavy Ind. Ltd. A. 26. 2. 65, B. 30. 10. 67. Kl.: 39A. A.-Z.: 11144/65.

Literaturschau

Auszug aus Lieferung 15 und 16/1968 der Referatekartei „Faserstoffe und Textiltechnik", zusammengestellt von der Abteilung Wissenschaftliches Berichtswesen des Instituts für Faserstoff-Forschung der DAW 153 Teltow-Seehof, Kantstr. 55

I. Wissenschaftliche Grundlagen

Allgemeines

(Untersuchungsmethoden u. a.)

Elias, H.-G., Bareins, R.: Direktbestimmung des Viskositätsmittels der relativen Molekülmasse im Theta-Zustand. J. macromol. Sci., A: Chemistry **1** (1967) 7, S. 1377−1379.

Negami, S., Wargin, R. V.: Bestimmung wahrer Fließkurven aus den in einem Kapillarviskosimeter ermittelten Daten. J. appl. Polymer Sci. **12** (1968) 1, S. 123−129.

Emissions-Elektronenmikroskop. GIT. Fachz. Laboratorium **12** (1968) 5, S. 475, 476, 479.

Physik und Chemie der Hochpolymeren

Moore, W. R., Sanderson, D.: Viskosität verdünnter Polyäthylenterephthalat-Lösungen. Polymer, London **9** (1968) 3, S. 153−158.

Fil'bert, D. V., Murav'eva, V. P., Vasil'ev, Ju. V., Pakšver, A. B.: Rheologische und fadenbildende Eigenschaften von binären Mischungen auf Polypropylenbasis. Chim. Volokna (Chem. Fasern) (1968) 3, S. 18−21.

Rigbi, Z.: Der Wert des Poissonschen Verhältnisses von viskoelastischen Stoffen. J. appl. Polymer Sci./Appl. Polymer Symposia (1967) 5, S. 1−8.

Perepečko, I. I., Bodrova, L. A.: Viskoelastische Eigenschaften von plastifiziertem Polyvinylchlorid im glasigen Zustand. Vysokomol. Soed. (Hochmol. Verbind.) **10** B (1968) 3, S. 149.

Frank, H., Jaacks, V., Kern, W.: Über die Bestimmung des Zahlenmittels des Molekulargewichts von Polyoxymethylenen. 36. Mitt. Über Polyoxymethylene. Makromol. Chemie **114** (1968) S. 92−112.

Cvetkov, V. N., Fomin, G. A., Lavrenko, P. N., Štennikova, I. N., Seremeteva, T. V., Godunova, L. I.: Hydrodynamische und optische Eigenschaften von Poly-N-isobutylmaleinimid-Molekülen und die Abhängigkeit dieser Eigenschaften von der relativen Molekülmasse. Vysokomol. Soed. (Hochmol. Verbind.) **10** A (1968) 4, S. 903−909.

Beevers, R. B.: Dichteänderungen von im Atomreaktor bestrahltem Polyacrylnitril. J. appl. Physics **39** (1968) 1, S. 335−337.

Holleran, P. M., Billmeyer, F. W., jr.: Schnellosmometrie mit diffundierbaren Polymeren. J. Polymer Sci., B: Polymer Letters **6** (1968) 2, S. 137−140.

Leyte, J. C., Zuiderweg, L. H., van Reisen, M.: Spektroskopische Untersuchung von zweikernigen Kupferkomplexen in wäßrigen Lösungen der Polymethacrylsäure. J. physic. Chem. **72** (1968) 4, S. 1127−1132.

Mel'nik, T. S., Petrosjuk, I. I., Tretjakov, Ju. P.: Charakterisierung des Oxydationsgrades von Polycaprolactam mit Hilfe der Lumineszenzmethode. Chim. Volokna (Chem. Fasern) (1968) 3, S. 8−10.

Kohlbeck, J. A., Bolleter, W. T.: Mikroskopische Bestimmung des Substitutionsgrades von Cellulosenitrat durch Dispersionsanfärbung. J. appl. Polymer Sci. **12** (1968) 1, S. 131−135.

Neukirchner, A.: Mikroskopische Untersuchungsmethoden bei der Identifizierung von Faserzusammenballungen im Roh-, Halb- und Fertigmaterial. Textil-Praxis **23** (1968) 6, S. 403−412.

Hartley, F. R., Inglis, A. S.: Bestimmung von Metallen in Wolle durch Atom-Absorptionsspektroskopie. Analyst **93** (1968) 1107, S. 394−397.

Jayme, G., Pek Ka Tio: Infrarotspektroskopische Untersuchungen an Polysacchariden und ihren Derivaten. Papier **22** (1968) 6, S. 322−328.

Rose, K. P., Gröbe, A. Maron, R.: Elektronenmikroskopische Untersuchungen an Oberflächen von Celluloseregeneratfäden. Teil III. Wirkung von Viskosemodifikatoren auf die Deckschichtbildung – analytischer und lichtmikroskopischer Nachweis. Faserforsch. u. Textiltechnik **19** (1968) 8, S. 358−362.

La Nieve, III, H. L., Bogue, D. C.: Korrelation zwischen Eingangsdruck der Tropfen in Kapillare und normalen Spannungswerten. J. appl. Polymer Sci. **12** (1968) 2, S. 353−372.

Johnsen, U.: Strukturanalyse von Copolymeren durch Kernspin-Resonanz. Fresenius' Z. analyt. Chemie **235** (1968) 1, S. 120−121.

Garegg, P. J., Han, M.: Die Konstitution von Xylan aus Bombax malabaricum. Svensk Papperstidn. **71** (1968) 8, S. 331−334 (engl.).

Ikeda, M.: Untersuchungen zum thermischen Verhalten und zur Feinstruktur von Polyäthylenterephthalat. II. Kristallisationstemperatur und Schmelztemperatur. Kobunshi Kagaku, Tokyo (Chem. High Polymers) **25** (1968) 273, S. 87−96 (jap.; engl. Zusammenfass.).

Kikukawa, K., Nozakura, Shun-ichi, Murahashi, Sh.: Struktur von Polyvinylalkohol aus Polymeren des Divinylcarbonats. Kobunshi Kagaku, Tokyo (Chem. High Polymers), **25** (1968) 273, S. 19−24 (jap.; engl. Zusammenfass.).

Thomas, R. J.: Die Entwicklung und Ultrastruktur der Hoftüpfel-Membran in Southern Yellow Pines. Holzforsch. **22** (1968) 2, S. 38−44 (engl.).

Braginskij, R. P., Finkel', Ė. Ė., Konstantinopol'skaja, M. B., Berestneva, Z. Ja., Kargin, V. A.: Grundsätze für die struktur-chemische Thermostabilisierung von kristallisierbaren vernetzten Polymeren. Dokl. Akad. Nauk SSSR (Ber. Akad. Wiss. UdSSR) **180** (1968) 3, S. 632−634.

Clayfield, E. J., Lumb, E. C.: Eine auf der Entropie beruhende Rückstoßtheorie für die Dispersionswirkung von statistischen Copolymeren. Macromolecules, Washington **1** (1968) 2, S. 133−138.

Radhakrishnan, T., Patil, N. B.: Azimutale Aufspaltung von äquatorialen Röntgenreflexen der Baumwolle. Textile Res. J. **38** (1968) 2, S. 209 bis 210.

Schaefer, J., Katnik, R. J., Kern, R. J.: Verteilung der Strukturisomeren in linearen Copolymeren des Propylenoxids. Macromolecules, Washington **1** (1968) 2, S. 101−106.

Liu, H. Z., Liu, K.-J.: Stereochemische Wechselwirkungen von isotaktischem und syndiotaktischem Polymethylmethacrylat in polaren und unpolaren Lösungsmitteln. Macromolecules, Washington **1** (1968) 2, S. 157−162.

Zubov, P. I., Kiselev, M. R., Sucharera, L. A.: Untersuchung des Strukturierungsmechanismus von gefällten Polyestern. Kolloid. Ž., Moskva **30** (1968) 3, S. 375−378.

Kompaniec, V. Z., Olejnik, Ė. F., Enikolopjan, N. S.: Normale Schwingungen und intermolekulare Wechselwirkung in einem rhombischen Kristall von Polyoxymethylen. Z. strukt. Chimii (Z. Strukturchemie) **9** (1968) 2, S. 322−323.

Cooper, S. L., McKinnon, A. J., Prevorsek, D. C.: Morphologische Veränderungen in gedrehten Elementarfäden aus Polyamid 66 bzw. Polyäthylenterephthalat. J. Polymer Sci., A−1: Polymer Chem. **6** (1968) 2, S. 353−361.

Casperson, G.: Probleme morphologischer Untersuchungen an Pappelholz. Faserforsch. u. Textiltechnik **19** (1968) 8, S. 345−349.

Dechant, J.: Zur Accessibilität der Cellulose in Bereichen mit niedrigem Ordnungsgrad. Faserforsch. u. Textiltechnik **19** (1968) 8, S. 365−368.

Raduškevič, B. V., Fichman, V. D., Vinogradov, G. V.: Über die einachsige Verstreckung mit konstanter Geschwindigkeit von hochelastischen Flüssigkeiten (am Beispiel eines niedermolekularen Polyisobutylens). Dokl. Akad. Nauk SSSR (Ber. Akad. Wiss. UdSSR) **180** (1968) 2, S. 404 bis 407.

Lipatova, T. E., Ivaščenko, V. K., Bezruk, L. I.: Über übermolekulare Strukturen in vernetzten Polyurethanen. Dokl. Akad. Nauk SSSR (Ber. Akad. Wiss. UdSSR) **178** (1968) 5, S. 1116−1118.

Nosova, N. I., Sachidajatov, Ch., Golova, O. P.: Einfluß des chemischen Baues der Vernetzungsbrücke in modifizierter Hydratcellulose auf ihre Oxydationsgeschwindigkeit. Vysokomol. Soed. (Hochmol. Verbind.) **10 A** (1968) 4, S. 816–820.

Ljachovič, I. S., Musaeljan, I. N., Čirkov, N. M.: Über die Temperatur/Zeit-Abhängigkeit der Festigkeit von Gemischen aus ataktischem und isotaktischem Polypropylen. Vysokomol. Soed. (Hochmol. Verbind.) **10 B** (1968) 3, S. 154–157.

Chan, R. K. S., Lee, S. W. M., Biggs, R. D.: Fließeigenschaften einer viskoelastischen Flüssigkeit in einem Extruder. J. appl. Polymer Sci. **12** (1968) 1, S. 115–122.

Roelling, J. A.: Fließpunkt bei einigen thermoplastischen Polymeren. J. appl. Polymer Sci./Appl. Polymer Symposia (1967) 5, S. 161–169.

Mieras, H. J. M. A., van Rijn, C. F. H.: Elastisches Verhalten von einigen Polymerschmelzen. Nature, London **218** (1968) 5144, S. 865–866.

Go, Y., Matsuzawa, S., Nakamura, K.: Untersuchungen über die mechanische Denaturierung von Lösungen Hochpolymerer. V. Gelierung von Lösungen des syndiotaktischen Polyvinylalkohols. Kobunshi Kagaku, Tokyo (Chem. High Polymers) **25** (1968) 273, S. 62–67 (jap., engl. Zusammenfass.).

Savins, J. G.: Eindickungserscheinung bei Scherung von Polyvinylalkohol/Borat-Komplexen. Rheologica Acta, Darmstadt **7** (1968) 1, S. 87–93.

Heckel, K.: Die Ermittlung einfacher Modelle aus dynamischen Modulmessungen. Rheologica Acta, Darmstadt **7** (1968) 1, S. 51–57.

Sonntag, F.: Pyrolyse und Gas-Chromatographie der Pyrolyseprodukte von Polymeren. Ein experimenteller Vergleich verschiedener Techniken. I. Fette, Seifen, Anstrichmittel/Ernährungsind. **70** (1968) 4, S. 256–265.

Traskos, R. T., Schneider, N. S., Hoffmann, A. S.: Elutionssäulen-Fraktionierung von verzweigtem Polyäthylen. J. appl. Polymer Sci. **12** (1968) 3, S. 509–525.

Lebedeva, A. I., Platonova, N. A.: Funktionelle Analyse von hochmolekularen Verbindungen. Über die chemischen Bestimmungsmethoden der Zusammensetzung alkoxyhaltiger Polymerverbindungen. Ž. anal. Chimii (Z. analyt. Chemie) **23** (1968) 5, S. 775–777.

Nelson, P. F., Samuelson, O.: Identifizierung von sauren Gruppen in Sulfatzellstoffen aus Eucalyptus und Pinus radiata. Svensk Papperstidn. **71** (1968) 8, S. 325–330 (engl.).

Chien, J. W.: Reaktionen von Polymeren. II. Thermische Zersetzung von Polyäthylen-Hydroperoxid. J. Polymer Sci., A–1: Polymer Chem. **6** (1968) 2, S. 375–379.

Binks, A. E., Sharples, A.: Elektrische Leitfähigkeit von Olefinoxidpolymeren. J. Polymer Sci., A–2: Polymer Physics **6** (1968) 2, S. 407–420.

Lilly, A. C., jr., McDowell, J. R.: Leitfähigkeit von MYLAR- und TEFLON-filmen im Hochspannungsfeld. J. appl. Physics **39** (1968) 1, S. 141–147.

Fock, J.: Zum Einfluß von Ruß auf den thermischen Abbau von Polytetrafluoräthylen. J. Polymer Sci., B: Polymer Letters **6** (1968) 2, S. 127 bis 131.

Kovarskaja, B. M., Levantovskaja, I. I., Bljumenfel'd, A. B., Draljuk, G. V.: Thermooxydativer Abbau von Polyäthylenterephthalat. Plast. Massy, Moskva (Plast. Massen) (1968) 5, S. 42–46.

Jellinek, H. H. G.: Bemerkungen zu den Veröffentlichungen I, II und III von Richards und Salter über den „thermischen Abbau von Vinylpolymeren". Polymer, London **9** (1968) 4, S. 220–222.

Reinisch, G., Jaeger, W.: Zum Einfluß der Verstreckung auf den photochemischen Abbau von Polycaprolactam-Experimentalfäden. Faserforsch. u. Textiltechnik **19** (1968) 8, S. 363–365. 7. Mitt. über „Probleme der Polyamidchemie".

Zimmermann, H.: Modellversuche zum Chemismus der thermischen Stabilisierung von Polyäthylenterephthalat mit Phosphorsäureestern. Faserforsch. u. Textiltechnik **19** (1968) 8, S. 372–377.

Kiselev, A. V., Lygin, V. I., Solomonova, I. N., Usmanova, D. O., El'tekov, Ju. A.: Einfluß der Chemie der Oberfläche von Adsorbentien und Füllmitteln auf die Adsorption von Polymeren. Adsorption aus Lösungen von Polyvinylacetat bzw. Polyalkylacrylaten an Kieselerden. Kolloid. Ž., Moskva **30** (1968) 3, S. 386–392.

Natov, M., Vasileva, St., Kabaivanov, Vl.: Alterung von Polyäthylen hoher Dichte unter Einwirkung mechanischer Spannungen. Dokl. Akad. Nauk SSSR (Ber. Akad. Wiss. UdSSR) **180** (1968) 3, S. 646–648.

Determann, H., Kriewen, M., Wieland, T.: Versuche zur Herstellung eines makroporösen Polymethacrylat-Gels. Makromol. Chemie **114** (1968) S. 256–262.

Veselovskij, R. A., Leščenko, S. S., Karpov, V. L.: Einige Fragen der Radiationschemie von Polypropylen. Vysokomol. Soed. (Hochmol. Verbind.) **10 A** (1968) 4, S. 760–770.

Michotova, L. N., Terman, L. M., Janovskij, D. M.: Einführung von Chlorformiatgruppen in einige hochmolekulare hydroxylgruppenhaltige Verbindungen. Vysokomol. Soed. (Hochmol. Verbind.) **10 B** (1968) 3, S. 185 bis 186.

Springer, E. L., Zoch, L. L.: Hydrolyse von Xylen in verschiedenen Laubholzarten. Tappi, New York **51** (1968) 5, S. 214–218.

Heath, J. E., Heffries, R.: Die Alkoholyse von Cellulose. J. appl. Polymer Sci. **12** (1968) 3, S. 455–465.

Ward, K., jr., Morak, A. J., Gillespie, R. H., Voelker, M. H.: Hydroxyäthylierung von Linters-Zellstoffen. II. Einfluß der Alkalikonzentration. Tappi, New York **51** (1968) 5, S. 218–223.

Physik und Chemie der Monomeren und Oligomeren

König, H.: Untersuchungen an Acrylnitril-Katalysatoren. Chem. Ztg/Chem. Apparatur **92** (1968) 12, S. 415–418.

Valuev, V. I., Šljachter, R. A., Apuchtina, N. P.: Fraktionierung von Oligomeren durch Extraktion in einer Kolonne. Vysokomol. Soed. (Hochmol. Verbind.) **10 B** (1968) 3, S. 147–148.

Polymerisation

Neue Verfahren versprechen Polymere nach Wunsch. Anionische freiradikalische Polymerisation, Pfropfpolymerisation, Ringöffnung und Diels/Alder-Reaktion eröffnen den Polymerchemikern neue Ausblicke. Chem. engng. News **46** (1968) 16, S. 54–59.

O'Driscoll, K., Ham, G. E.: Azeotropie bei der Terpolymerisation. J. macromol. Sci., A: Chemistry **1** (1967) 7, S. 1365–1367.

Mežikovskij, S. M., Kissin, Ju. V., Čirkov, N. M.: Über die Bestimmung der Anzahl aktiver Zentren bei der stereospezifischen Polymerisation mit Hilfe einer Inhibierungsmethode. Izv. Akad. Nauk SSSR, Serija chim. (Nachr. Akad. Wiss. UdSSR, Chemie) (1968) 5, S. 1151–1152.

Wessling, R. A.: Kinetik der Emulsionspolymerisation mit kontinuierlicher Zuführung des Monomeren. J. appl. Polymer Sci. **12** (1968) 2, S. 309–319.

Kuchner, K.: Zur Kinetik der Emulsionspolymerisation bei Radikalbildung in der wäßrigen Phase. Makromol. Chemie **114** (1968) S. 70–76.

Čučin, A. E., Kolesnikov, G. S., Vajner, A. J.: Polyphenylenäthylhydroperoxid als ein neuer polymerer Initiator für die Pfropfcopolymerisation. Vysokomol. Soed. (Hochmol. Verbind.) **10 B** (1968) 3, S. 182–185.

Lorkowski, J.: Neue Kunststoffe durch Pfropfpolymerisation. Wiss. u. Fortschr. **18** (1968) 6, S. 264–268.

Lim, D.: Über die Zersetzungskinetik und Azoverbindungen. I. Zersetzung von Azobisnitrilen und Estern der Azobis-isobuttersäure. Coll. czechoslov. chem. Commun. **33** (1968) 4, S. 1122–1130 (engl.).

Hardy, G., Nyitrai, K.: Polymerisation von Vinylencarbonat. Acta chim. Acad. Sci. hung. **56** (1968) 1, S. 39–45.

Čefelin, P., Labský, J., Šebenda, J.: Alkalische Polymerisation von 6-Caprolactam. XXXIII. Polymerisation von β- und δ-Methylcaprolactamen und deren Copolymerisation mit Caprolactam. Coll. czechoslov. chem. Commun. **33** (1968) 4, S. 1111–1121 (engl.).

Elias, H.-G., Fritz, A.: Gleichgewichtspolymerisation von Laurinlactam. Makromol. Chemie **114** (1968) S. 31–50.

Lehr, M. H.: Über den aktiven Oxydationszustand von Vanadium in löslichen Polymerisationskatalysatoren für Monoolefine. Macromolecules, Washington **1** (1968) 2, S. 178–184.

Matveeva, E. N., Lazareva, N. P., Lukovnikov, A. F.: Farbloses stabilisiertes Polyäthylen hoher Dichte. Plast. Massy, Moskva (Plast. Massen) (1968) 6, S. 8–10.

Juržnko, A. I., Andork I. A., Zajac. N. N.: Untersuchung kolloid-chemischer Faktoren bei der Perlpolymerisation von Vinylmonomeren. Eine Methode zur Beurteilung des Stabilisierungseffektes von polymerisierbaren Makroemulsionen. Kolloid. Ž., Moskva **30** (1968) 3, S. 455–460.

Furukawa, J., Kawabata, N., Nishimura, J.: Polymerisation von Vinylmonomeren mittels Dialkylzink/Methylpolyhalogenid-Systemen. Kobunshi Kagaku, Tokyo (Chem. High Polymers) **25** (1968) 273, S. 36–40 (jap.; engl. Zusammenfass.).

Mazurek, V. V., Merkur'eva, A. V.: Über den Desaktivierungsmechanismus des katalytischen Systems $VOCl_3/Al(iso\text{-}C_4H_9)_3$ bei der Polymerisation von Vinylchlorid. Vysokomol. Soed. (Hochmol. Verbind.) **10 B** (1968) 3, S. 218–220.

Balakirskaja, V. L., Pekareva, O. A., Štarkman, B. P.: Einfluß der Morphologie der nach der Suspensionspolymerisation hergestellten PVC-Körner auf deren Wechselwirkung mit dem Weichmacher. Vysokomol. Soed. (Hochmol. Verbind.) **10 A** (1968) 4, S. 883–888.

Nakata, T., Otsu, T., Yamaguchi, M., Imoto, M.: Polymerisation von Vinylmonomeren. CLXXII. Von Nickelperoxid initiierte Polymerisation von Methylmethacrylat. J. macromol. Sci., A: Chemistry **1** (1967) 8, S. 1447–1455.

Tsuda, K., Kobayashi, Sh., Otsu, T.: Darstellung und Polymerisation von p-substituierten Phenylvinylsulfiden. Vinylpolymerisation. 168. J. macromol. Sci., A: Chemistry **1** (1968) 6, S. 1025–1037.

Jedliński, Z., Łukaszczyk, J.: Polymerisation von cyclischen Acetalen, Kationische Polymerisation von 2-Vinyl-4,5-dimethyl-1,3-dioxolan. Makromol. Chemie **114** (1968) S. 226–233.

Misra, G. S., Narain, H.: Durch das Permanganat/Oxalsäure-Redoxsystem ausgelöste Polymerisation von Methacrylsäure. Makromol. Chemie **114** (1968) S. 234–244 (engl.).

Kočetov, E. V., Markevič, M. A., Enikolopjan, N. S.: Untersuchung des Polymerisationsmechanismus von Acrylnitril in Gegenwart von Triäthylphosphin unter Heranziehung der MKR-Methode. Dokl. Akad. Nauk SSSR (Ber. Akad. Wiss. UdSSR) **180** (1968) 1, S. 143–146.

Tabata, Y.: Durch energiereiche Protonen initiierte Polymerisation von Acrylnitril in fester Phase. J. macromol. Sci., A: Chemistry **1** (1967) 8, S. 1407–1421.

Sonderfragen

Tokiwa, F.: Dispersionsvermögen von Natrium-Dodecylpolyoxyäthylensulfaten in Abhängigkeit von der Länge der Polyäthylenkette. J. physic. Chem. **72** (1968) 4, S. 1214–1217.

II. Faserstoffe, Ausgangsstoffe. usw.

van Overbèke, M.: Untersuchung von Wolle/Polyesterfaserstoff-, Wolle/Acrylfaserstoff- und Wolle/Polyvinylchloridfaserstoff-Gemischen. Bull. Inst. Textile France **21** (1967) 133, S. 919–946.

Naturfaserstoffe

Pflanzliche Faserstoffe

Rusca, R. A., Sands, J. E.: Baumwollfaserforschung. Textile Ind. **132** (1968) 1, S. 77–79, 83–85.

Leclercq, B.: Absorption gesättigter aliphatischer Alkohole durch Baumwollcellulose. Bull. Inst. Textile France **22** (1968) 134, S. 27–38.

Verunreinigungen beeinflussen die Vernetzung mit Baumwolle. Chem. engng. News **46** (1968) 22, S. 46–47.

Tierische Faserstoffe

Leeder, J. D., Bradbury, J. H.: Konformation der Epicuticula von Keratinfasern. Nature, London **218** (1968) 5142, S. 694–695.

Asquith, R. S., Garcia-Dominguez, J. J.: In Keratin unter alkalischen Bedingungen auftretende Vernetzungsreaktionen. J. Soc. Dyers Colourists **84** (1968) 4, S. 211–216.

Asquith, R. S., Garcia-Dominguez, J. J.: Neue Aminosäuren in alkalibehandelter Wolle. J. Soc. Dyers Colourists **84** (1968) 3, S. 155–158.

Chemiefaserstoffe

Novikova, A. V.: Ausnutzung der Rohstoffe in der Produktion von Chemiefaserstoffen. Chim. Volokna (Chem. Fasern) (1968) 3, S. 1–4.

Heim, E.: Über die Bedeutung der Endlosgarne in der Textilindustrie. Chemiefasern **18** (1968) 7, S. 494–501.

Cellulose und Zellstoff

Wilhelmsen, G.: Wasserlagerung von nichtentrindeter Fichte zur Zellstoffherstellung. Norsk Skogind. **22** (1968) 6, S. 207–211 (engl.).

McGovern, J. N.: Ein Vademekum der Holzaufschlußentwicklung. Bericht über „Holzaufschluß – quo vadis?" Tappi, New York **51** (1968) 5, S. 38 A–43 A.

Kommonen, F.: Beurteilung der Zellstoffwäsche für Konstruktion und Technologie. Paperi ja Puu, Helsinki (Papier u. Holz) **50** (1968) 6, S. 347 bis 357 (engl.).
Croon, I., Dillén, S.: Untersuchungen zur Bleiche von Zellstoffen aus skandinavischen Nadelhölzern. Tappi, New York **51** (1968) 5, S. 97 A bis 104 A.
Pavličková, L., Štolbová, M.: Über die Heterogenität der Ablauge nach Behandlung von Fichtenholz durch Methanolyse. I. Verteilung wasserlöslicher Bestandteile der Ablauge durch Gelfiltration. Holzforsch. **22** (1968) 2, S. 33–38.

Regeneratfaserstoffe

Calistru, E., Ciovică, S.: Neue Fortschritte in der Regeneratcellulosefaserindustrie. Celuloza si Hîrtie, București **17** (1968) 4, S. 137–141.
Serkov, A. T., Pokrovskij, V. N., Kotomina, I. N.: Rolle der Diffusionsprozesse bei der Auflösung von Cellulosexanthogenat. Chim. Volokna (Chem. Fasern) (1968) 3, S. 32–33.
Bolotnikova, L., Bel'nikevič, N., Samsonova, T., Danilov, S., Frenkel', S.: Gewinnung von Regeneratcellulosefaserstoff aus Cadoxenlösung. Chim. Volokna (Chem. Fasern) (1968) 3, S. 75.
Schleicher, H., Philipp, B.: Untersuchungen zum Einfluß von Tensiden auf die chemischen Umsetzungen im Viskoseprozeß. 2. Mitt.: Untersuchungen zum Verlaufe der Sulfidierung. Faserforsch. u. Textiltechnik **19** (1968) 8, S. 350–354.

Synthetische Faserstoffe

Paul, D. R.: Diffusion während der Koagulationsstufe beim Naßspinnverfahren. J. appl. Polymer Sci. **12** (1968) 3, S. 383–402.
Polypropylenfaserstoff versucht größeren Marktanteil zu gewinnen. Chem. engng. News **46** (1968) 23, S. 24–25.
Müller, I.: WOLPRYLA 65 – eine neue Polyacrylnitrilfaser und deren Einsatz in der Wirkerei- und Strickerei-Industrie. II. Bekleid. u. Maschenware **7** (1968) 3, S. 130–133.
Mežirov, M. S., Pakšver, È. A.: Über die Ursachen der Bildung von Radialkapillaren in Polyacrylnitril-Elementarfäden. Chim. Volokna (Chem. Fasern) (1968) 3, S. 13–16.
Allied bringt Zweikomponenten-Faserstoff auf den Teppichmarkt. Chem. engng. News **46** (1968) 20, S. 16–17.

Künstliche mineralische Faserstoffe

Wiedemann, G., Frenzel, H., Matzke, M.: Einsatz von Glasseide für die Textilindustrie. Teil I: Zum Einsatz in der Dekoindustrie. Dt. Textiltechnik **18** (1968) 7, S. 415–421.
Bobrov, L. I.: Hitzefeste Faserstoffe. Chim. Volokna (Chem. Fasern) (1968) 3, S. 71–75.

Ausgangsstoffe. Schaumstoffe. Kautschuk

Golubenkova, L. I., Nikonova, S. M., Šabadaš, A. N., Akutin, M. S.: Wechselwirkung von Epoxid- und Polyesterharzen mit Glasfaserstoff. Plast. Massy, Moskva (Plast. Massen) (1968) 5, S. 36–37.
Du Pont verändert seine Einstellung und sieht eine Zukunft für Äthylen/Propylen/Dien-Monomere in der Reifenproduktion. Chem. engng. News **46** (1968) 19, S. 10.
Priest, D. J.: Die Zugänglichkeit weichgemachter Cellulosefilme. Holzforsch. **22** (1968) 2, S. 50–53 (engl.).
Vlasov, S. V., Sagalaev, G. V., Sokolova, I. V.: Thermofixierung von orientierten Polypropylenfolien. Plast. Massy, Moskva (Plast. Massen) (1968) 6, S. 50–51.

III. Fäden-Herstellungstechnologien

Spinnerei. Zwirnerei

Greenwood, F. A.: Das Strecken und Spinnen von langstapligen Fasern. Textile Manuf. **94** (1968) 1120, S. 133–137.
Ständige Modernisierung hält Teppichproduktion hoch. Textile World **118** (1968) 5, S. 68–71.

Spinnerei

Sevostjanov, A. G., Kulgin, L. A.: (Schreibw. i. Orig.: *Sewostjanow, A. G.*). Untersuchung des Reibungsfeldes im Streckwerk. Textil-Praxis **23** (1968) 6, S. 355–358.
Keworkian, A.: Die Erhöhung der Gleichmäßigkeit des Kardenbandes in den Baumwoll- und Kammgarnspinnereien. Magyar Textiltechn. **20** (1968) 5, S. 226–229.
Schnitzler, G., Maron, B.: Einfluß der Feinheit des Kardenbandes und der Grobflyer-Streckwerke bei der Baumwollspinnerei. Bull. Inst. Textile France **22** (1968) 134, S. 7–25.
Das Uniflex-Spinnsystem mit besonderem Faserführungselement. Spinner, Weber, Textilveredlung **86** (1968) 6, S. 521–523.
Verbesserter Spinnprozeß durch Einsatz des Luntenverdichters V 68. Chemiefasern **18** (1968) 7, S. 522–523.

Zwirnerei

Textilbetrieb hat ein neues Zwirnverfahren. Textile Ind. **132** (1968) 3, S. 63–64.
Gruoner, S.: Vertikaler und horizontaler Fadenfluß an Spinnkronen. Melliand Textilber. **49** (1968) 7, S. 759–762.

Erzeugnisse der Spinnerei und Zwirnerei

van Galen, J.: Vergleich der Eigenschaften von Reifengarnen. Chemiefasern **18** (1968) 7, S. 505–508.
Sevčik, F., Procházka, R., Kaláskova, A.: Zusammenfassende Auswertung der Eigenschaften, Verarbeitung und Gebrauchswerte von spinngefärbten tschechoslowakischen Entwicklungspolypropylenfasern in Obertrikotagen, hergestellt aus Mischgarnen Wolle/Polypropylen und Polypropylen/Viskosefaser. Inform. Přehled. Výzkumný Úst. Pletařský, Brno (Inform.-Übers. Wirkerei-Inst.) (1968) 1/2, S. 7–42. Beilage.
Klust, G.: Zwirne aus Polypropylen-Folienbändern. Textil-Praxis **23** (1968) 6, S. 361–363.

Texturfäden

Kovar, F., Klimes, J.: Verwendung von Zelluloseregeneratseiden und -garnen bei dem Mirlan-Luftstrom-Texturierverfahren. Dt. Textiltechnik **18** (1968) 7, S. 424–427.
Mazov, Ju. A.: Bestimmung der optimalen Drehung bei der Herstellung von Texturfäden. Chim. Volokna (Chem. Fasern) (1968) 3, S. 60–62.

IV. Flächengebilde-Herstellungstechnologien

Gusman, A. D.: Textilersatzstoffe und ihre Zukunft. Mod. Textiles Mag. **49** (1968) 2, S. 56–61.
Heimtextilien 1968. Mod. Textiles Mag. **49** (1968) 2, S. 30, 31, 62.

Marerialvorbereitung

Wolf, H.: Über das Schlichten von Ketten aus Polyacrylnitrilfasern. Melliand Textilber. **49** (1968) 7, S. 841.
Wegener, W., Schubert, G.: Die Ermittlung der Druckverteilung in Garnkörpern. Teil 3. Textil-Praxis **23** (1968) 6, S. 366–367.

Weberei

Rohs, W., Griese, H., Heim, H.: Untersuchungen über die Wirksamkeit verschiedener Präparationen für Harnischschnüre. Melliand Textilber. **49** (1968) 7, S. 789–793.

Weberei-Technologie

Buss, E.: Verarbeitung von Chemiefasern auf modernen Webmaschinen Melliand Textilber. **49** (1968) 7, S. 781–788.
Kirchenberger, H.: Die Herstellung von Stoffen aus Folien-Bändchen. Chemiefasern **18** (1968) 7, S. 508–512.
Hughes, O.: Anpassungsfähige Einzüge. Textile Ind. **132** (1968) 4, S. 114 bis 116.

Erzeugnisse der Weberei

Rusca, R. A., Brown, J. J.: Baumwollerzeugnisse des Southern Regional Research Laboratory. Textile Ind. **132** (1968) 2, S. 93–97.
Teppiche: Was gibt es Neues in bezug auf Aufmachungsstil und Faserstoffe. Textile Month (1968) 4, S. 89, 90, 93, 95.

Wirkerei und Strickerei. Konfektionstechnik. Sonstige Technologien

Kullrich, H.: Wirken und Stricken aus der Sicht des Webers. Z. ges. Textilind. **70** (1968) 7, S. 475–482.
Rothbart, J.: Herstellung und Eigenschaften webwarenähnlicher Oberbekleidungsstoffe auf Raschelmaschinen. Melliand Textilber. **49** (1968) 7, S. 804–807.

Wirkerei- und Strickerei-Technologie

Gottlieb, N.: Die Kettenwirkerei in Bewegung. Textile Inst. Ind. **6** (1968) 6, S. 150–152.
Markó, P.: Elektrische Programmsteuerung in der Strumpfindustrie. Magyar Textiltechn. **20** (1968) 6, S. 308–311.
Arthur, E. W.: Ausbildung von Strumpfautomateneinstellern in der Praxis. Teil 1 u. 2. Textile Ind. **132** (1968) 2, S. 120–124, 199; 3, S. 89–93, 182.

Erzeugnisse der Wirkerei und Strickerei

Jozsa, L., Zsuffa, M.: Versuche an Kettenstrickmaschinen mit Verwendung von Popril-Fasern. Magyar Textiltechn. **20** (1968) 6, S. 299–300.
Lück, W.: Verarbeitung von texturierter PA-Seide auf Flachkulierwirkmaschinen zu Obertrikotagen sowie deren Ausrüstung. Bekleid. u. Maschenware **7** (1968) 3, S. 134–136.

Konfektionstechnik

Takacs, J.: Ziel und Methoden der maximalen Ausnutzung der Gewebe. Bekleid. u. Maschenware **7** (1968) 3, S. 101–104.

Sonstige Technologien

Wray, G. R.: Das Kraftamatic-Verfahren. Textile Inst. Ind. **6** (1968) 6, S. 155–158.
Bandwarenfabrik erhöht Einkünfte in vier Jahren um 109%. Textile World **118** (1968) 5, S. 74–77.

Textilverbundstoffe

Schulterpolster aus Chemiefasern. VDI-Nachr. **22** (1968) 25, S. 6.
Jörder, H.: Nach neuen Technologien hergestellte nichtgewebte textile Flächengebilde. Melliand Textilber. **49** (1968) 7, S. 771–777.
Hybridprozesse erhöhen die Produktion von Textilien für einmaligen Gebrauch. Chem. engng. News **46** (1968) 24, S. 42–43.

Faserverbundstoffe. Vliesstoffe

Hearle, J. W. S., Sultan, M. A. I.: Eine Untersuchung von Nadelvliesstoffen. Teil IV. Die Wirkung von Stretch, Schrumpfung und Verstärkung. Teil V. Die Annäherung an theoretisches Verständnis. J. Textile Inst. **59** (1968) 4, S. 161–182; 183–201.
Sucharev, M. I.: Struktur und Eigenschaften von Klebvliesstoffen. Techn. Textilien **11** (1968) 2, S. 27–31.

V. Textilveredlung

Farbstoffe. Textilhilfsmittel

Cee, A., Gasparič, J.: Identifizierung organischer Verbindungen. LXVIII. Chromatographie und Elektrophorese von Vinylsulfon-(Sulfoester)-Reaktivfarbstoffen. Coll. czechoslov. chem. Commun. **33** (1968) 4, S. 1091–1099.
Egerton, G. S., Assaad, N. E. N., Uffindell, N. D.: Untersuchungen über Aminoanthrachinonverbindungen. VIII. Äthanol als Modellsubstrat für Cellulose in photochemischen Systemen. J. Soc. Dyers Colourists **84** (1968) 4, S. 220–224.
Anwendung von Olefinen als Färbehilfsmittel nimmt zu. Amer. Dyestuff Rep. **57** (1968) 6, S. 23(183)–24(184).
Foulon, A.: Wirksame Schmälzöle für die textile Verarbeitung. Spinner, Weber, Textilveredlung **86** (1968) 6, S. 542–543.
Loy, W.: Polymere zur Beschichtung textiler Substrate. Teil 3. Textil-Praxis **23** (1968) 6, S. 399–402.

Bleicherei. Sonstige Vorbehandlungsarbeiten der Textilveredlung

Agster, A.: Neuere Erkenntnisse auf dem Gebiet der Bleicherei und ihre Bedeutung für die Betriebspraxis. Chemiefasern **18** (1968) 7, S. 533–534.

Färberei

Schönfeld, H.: Lineare und nichtlineare Transformationen zur Berechnung von Färberezepturen. Dt. Textiltechnik **18** (1968) 7, S. 427–433.
Berndt, F.: Die Bedeutung der Farbstoffauswahl bei Kombinationsfärbungen. Z. ges. Textilind. **70** (1968) 7, S. 482–488.
Löwenfeld, R.: Der Kupplungsvorgang im Naphtol AS-Einbadverfahren. Chemiefasern **18** (1968) 7, S. 534.

Rattee, I. D.: Gleichgewicht beim Färben von aminierter Baumwolle mit Säurefarbstoffen. Textile Res. J. 38 (1968) 2, S. 205–206.
Kuwabara, Sh., Shirota, T.: Das Färben von Faserstoffen des Typs K-3 und Wolle mit Dispersionsfarbstoffen. Kogyo Gijutsuin Sen'i Kogyo Shikensho Kenkyo Hokoku, Yokohama (Bull. Textile Res. Inst. jap. Government) 82 (1967) 9, S. 47–55 (jap.; engl. Zusammenfass.).
Mayer, U.: Über die Grundlagen optimaler Kombinierbarkeit kationischer Farbstoffe beim Färben von Polyacrylnitrilfasern. Melliand Textilber. 49 (1968) 7, S. 810–812.
Weigold, S.: Neue Möglichkeiten zum Färben von Stückware aus Polyacrylnitrilfasern im Stückbaumautoklaven, in Haspelkufen und in Düsenfärbemaschinen nach dem „Defitherm"-Verfahren. Melliand Textilber. 49 (1968) 7, S. 822–824.
Färben von Wickelkörpern. Internat. Textil-Bull., Zürich, Weltausgabe: Färberei/Druckerei/Ausrüstung (1968) 2, S. 1–2, 7–8, 13–14.
Echtfärben: Das Spezialproblem des Nähfadens. Textile Ind. 132 (1968) 3, S. 108, 110, 184.

Druckerei

Spezialist auf dem Gebiete des Rouleauxdrucks. Textile Ind. 132 (1968) 4, S. 128–130, 136, 139, 140, 142.
Feess, E.: Praxis und Theorie des Drucks mit Reaktivfarbstoffen. 2. Teil. Textil-Praxis 23 (1968) 6, S. 387–391.

Ausrüstung. Trocknung

Haskova, J.: Schrumpfverfahren für rundgestrickte Schlauchware. Textile Manuf. 94 (1968) 1120, S. 164–168.
Matsumura, K., Murase, R.: Modifikation von Seidengewebe durch Pfropfen von Vinylmonomeren. 1. Pfropfcopolymerisation von Styrol auf Seidengewebe in Abwesenheit eines radikalischen Initiators. Kogyo Gijutsuin Sen'i Kogyo Shikensho Kenkyo Hokoku, Yokohama (Bull. Textile Res. Inst. jap. Goverment) 82 (1967) 9, S. 39–45 (jap.; engl. Zusammenfass.).
Aboul-Fetouh, M. S., Miles, L. W. C.: Migration und Diffusion von Ausrüstungsmitteln beim Trocknen. Textile Res. J. 38 (1968) 2, S. 176–182.
Puig, J.-R., Gaussens, G.: Techniken zur Verbesserung von Textilien mittels radiochemischer Pfropfung. Bull. Inst. Textile France 21 (1967) 133, S. 865–892.
Suchecki, St. M.: Das Spitzenproblem der schmutzlösenden Ausrüstung. Textile Ind. 132 (1968) 1, S. 107, 108, 137, 139.
Schmidt, H.: Temperaturmessungen an Geweben während des Trocknens. Wäschereitechn. u. -chemie 21 (1968) 5, S. 214–219.
Burtonwood, B., Grosberg, P.: Die Trocknungsrate von Textiloberflächen. J. Textile Inst. 59 (1968) 4, S. 207–209.

Wäscherei. Chemische Reinigung

Viertel, O.: Rückblick auf die Entwicklung von Waschmitteln. Waschmaschinen und Textilien im Jahre 1967. Wäschereitechn. u. -chemie 21 (1968) 6, S. 269–272.
Produktionsentwicklung im Wäschereimaschinenbau. Wäschereitechn. u. -chemie 21 (1968) 6, S. 302.
Schmitz, W.: Die Mangelbeläge unserer Zeit. Wäschereitechn. u. -chemie 21 (1968) 5, S. 207–210.
Kurz, J.: Gibt es ein ideales Reinigungsverfahren? Reiniger Rev./Chem. Reinigung/Färberei 11 (1968) 6, S. 191–193.

VI. Werkstoffprüfung. Meß- und Prüftechnik. Standardisierung

Eigenschaften und Fehler der Textilmaterialien u. a.

Nordon, P., Haly, A. R.: Feuchtigkeitszunahme während der Dampfeinwirkung im Vakuum. J. Textile Inst. 59 (1968) 4, S. 209–212.
Wündrich, K.: Die Beständigkeit von Kunststoffen gegen energiereiche Strahlen und ihre Prüfung. Materialprüfung 10 (1968) 7, S. 217–225.
Asquith, R. S., Brooke, K. E.: Vergilben von Wollkeratin unter UV-Strahlung. J. Soc. Dyers Colourists 84 (1968) 3, S. 159–165.
Inglis, A. S., Simpson, R. J.: Untersuchungen über das Vergilben von Wolle. Teil XIX. Verbesserte Stabilität von mit Fluoreszenzaufhellern behandelten Geweben gegenüber künstlichem Sonnenlicht. Textile Res. J. 38 (1968) 2, S. 109–117.
Jacob, M.-M.: Experimentelle Angaben über die Gleiteigenschaften von Garnen. Ann. sci. textiles belges (1968) 1, S. 64–80 (franz.).
Maron, B., Schnitzler, G., Aubry, M., Vautier, M.: Reife und Eigenschaften von Baumwollen. Bull. Inst. Textile France 22 (1968) 135, S. 197–241.
Jeffries, R.: Herstellung und Eigenschaften von nichtgeordneten Cellulosefilmen und -fasern. J. appl. Polymer Sci. 12 (1968) 3, S. 425–445.
Bodig, J.: Transversale mechanische Eigenschaften von Douglasie bei Behandlung mit organischen Flüssigsubstanzen. Dimensionsänderungen. Holzforsch. 22 (1968) 2, S. 44–50 (engl.).
Tallant, J. D., Pittman, R. A.: Bruchmodelle und Meßverfahren für die Gewichts-Längen-Verteilung von Fasern. Textile Res. J. 38 (1968) 2, S. 149–155.
Kinoshita, Sh., Saito, Y., Kikuchi, M., Tsuge, M.: Reibungseigenschaften von einachsig verstreckten Polypropylenfilmen. Kobunshi Kagaku, Tokyo (Chem. High Polymers) 25 (1968) 273, S. 68–79 (jap.; engl. Zusammenfass.).
Schiecke, H. E.: Der Einfluß des strukturellen Aufbaus der Wollfaser auf die chemischen, physikalischen und bekleidungsphysiologischen Eigenschaften wollener Erzeugnisse. Melliand Textilber. 49 (1968) 7, S. 763 bis 771.

Meß- und Prüftechnik

Pohl, H.: Anwendung der mathematischen Statistik zur Auswertung und Beurteilung von Meß- und Zählergebnissen. Bekleid. u. Wäsche 20 (1968) 11, S. 742, 744, 746, 748; 13, S. 871–876.
Rochas, P., Gavet, L.: Einige Beispiele von Forschungsarbeiten über Anwendungen von Radioisotopen in der Textilindustrie. Bull. Inst. Textile France 21 (1967) 133, S. 893–918.
Henno, J.: Über die Drehung von Textilfäden. Ihre Herstellung, ihre Bedeutung und Mittel zu ihrer Bestimmung. Bull. Inst. Textile France 22 (1968) 135, S. 173–195.
Cohen, I.: Teppiche: Gebrauchswertprüfung, Bestimmung und Kontrolle der Qualität der ausgelieferten Ware. I. Textile Inst. Ind. 6 (1968) 6, S. 147–150.
Racké, H., Fett, Th.: Grundlagen und Vorteile einer neuen Kugeldruckhärte-Prüfung an Kunststoffen mit vier Laststufen. Materialprüfung 10 (1968) 7, S. 226–230.
Jacoby, G., Cramer, Ch.: Vorgänge vor und bis zum Bruch bei statischer und dynamischer Beanspruchung von Polykarbonat. Rheologica Acta. Darmstadt 7 (1968) 1, S. 23–51.
Sinclair, K. D., Lunney, H. W. M.: Feuchtigkeitsgehaltsprüfung mit dem CSIRO-Konditionierofen. Textile J. Australia 43 (1968) 3, S. 18–19.
Kröger, G.: Fadenlängenzähler mit hoher Genauigkeit. Spinner, Weber, Textilveredlung 86 (1968) 6, S. 523–526.
Trommer, G.: Einfluß der statistischen Häufigkeitsverteilung der Faserreißdehnung auf die Reißdehnung und Reißkraft von Fäden. Faserforsch. u. Textiltechnik 19 (1968) 8, S. 378–383.
Cegarra, J., Gacén, J.: Ein Verfahren zur Bestimmung der Tryptophanmenge in Wolle durch kurzdauernde Hydrolyse mit Schwefelsäure. J. Soc. Dyers Colourists 84 (1968) 4, S. 216–220.
Maillard, F., Sugier, H.: Über die Vorherbestimmung von Proben für die dynamische Gewebeprüfung. Bull. Inst. Textile France 22 (1968) 135, S. 271–280.
Vom Fehler bis zu seiner Beseitigung — Arbeitsergebnis des Erfahrungsaustauschkreises Wetzlar–Gießen. ZwF. Z. wirtsch. Fertigung 14 (1968) 6, S. 322–334.
Stammberger, A.: Bestimmung der Parameter von Ausgleichsfunktionen durch nomographische Verfahren. Fertigungstechnik u. Betrieb 18 (1968) 5, S. 271–275.
Härtler, G.: Annahmekontrollkarte unter Berücksichtigung der Kosten. Fertigungstechnik u. Betrieb 18 (1968) 5, S. 266–268.
Schäfer, W.: Einfache Bestimmung des Prüfungspunktes bei statistischer Qualitätskontrolle. Ind. Organis. Zürich 37 (1968) 6, S. 367–370.

Standardisierung. Terminologie

Mit einem hydraulischen Gerät bestimmte Berstfestigkeit von Papier. SCAN-P 24:68. Norsk Skogind. 22 (1968) 6, S. 212–215 (engl.).
Neue Kodes für die Klassierung der Baumwolle. Textile Ind. 132 (1968) 1, S. 141.
Dukati, F.: Internationale Regelung einiger Fragen der mathematischen Statistik. Fertigungstechnik u. Betrieb 18 (1968) 5, S. 269–271.

VII. Betriebstechnik. Ökonomie. Tagungsberichte u. dgl.. Sonderfragen

Betriebstechnik

Giloi, W.: Digital- und Analogrechner. VDI-Z. 110 (1968) 16, S. 677–684.
Kozmutza, P.: Einsatz von elektronischen Rechenmaschinen in der Textilindustrie. I. Magyar Textiltechn. 20 (1968) 6, S. 312–314.
Uhlmann, S.: Numerierungsgrundsätze für die Produktionssteuerung mit Computern. Ind. Organis., Zürich 37 (1968) 6, S. 348–350.
Krochmann, E.: Steuerungs- und Regelungstechnik. Teil I: Theorie. VDI-Z. 110 (1968) 18, S. 751–770.
Becker, H.: Temperaturmeßtechnik. VDI-Z. 110 (1968) 17, S. 713–722.
Heynemann, W.: Säureschutz in Färbereien. Textil-Praxis 23 (1968) 6, S. 383–386.
Glock, E., Mahler, K. E., Wagner, H.: Praktische Erfahrungen mit individuellen Lärmschutzmitteln. Z. ges. Hyg. 14 (1968) 6, S. 413–418.
Schütz, H.: Bedeutung der elektrischen Luftreinigung und ihr Einfluß auf Mensch und Produktion. Z. ges. Textilind. 70 (1968) 7, S. 466–469.
Leuch, H.: Beleuchtung in der Industrie. Ind. Organis., Zürich 37 (1968) 6, 323–332.
Kamper, P.: Neues aus der Fördertechnik. Z. ges. Textilind. 70 (1968) 7, S. 511–514.
Schönfeld, L.: Ökonomische Variantenvergleiche bei der Projektierung des innerbetrieblichen Transportes. Hebezeuge u. Fördermittel 8 (1968) 6, S. 169–172.
Ermošin, N. M., Suchor, G. V.: Mechanisierung des Garn- und Gewebetransportes. Mechaniz. Avtomatiz. proizvodstva (Mechanis. Automatis. Produktion) 22 (1968) 5, S. 9–10.
Ziesling, K.: Transport-Rationalisierung in Teppich-Reinigungsbetrieben. Chemischreiniger u. Färber/Färber-Ztg. 21 (1968) 6, S. 262, 284, 286, 288, 290.
Rüb, F.: Abwasser-Aufbereitung bei Herstellern und Verarbeitern von Chemiefasern. Chemiefasern 18 (1968) 7, S. 524–526.
Leithe, W., Petschl, G.: Über den pH-Wert bicarbonatharter Wässer nach ihrer Belüftung. Allg. prakt. Chemie, Wien 19 (1968) 5, S. 161–163.

Ökonomie

Fedderwarden, Jens: Arbeitsüberlagerung in Spinnerei und Weberei. Spinner, Weber, Textilveredlung 86 (1968) 6, S. 541–542.
Tittel, G.: Wirtschaftliche Losgrößen für die Fertigung von Einzelteilen notwendig. Wirtschaft, Ausg. A 23 (1968) 28, S. 9–10.
Rumjancev, A., Bunitsch, P.: (Schreibw. i. Orig.: *Rumjanzev, A.*). Zentrale Planung und Selbständigkeit der Betriebe. Presse der SU, Ausg. A, Berlin (1968) 73, Beilage, S. 1–8.
Rydholm, S.: Strukturumwandlung, Prozeßentwicklung und Milieufragen in der Holzindustrie. Svensk Papperstidn. 71 (1968) 10, S. 414–420.
Liekweg, D.: Darstellung und Untersuchung des innerbetrieblichen Informations- und Materialflusses. Bekleid. u. Wäsche 20 (1968) 11, S. 713 bis 719; 12, S. 795–798.
Waldenburger, M.: Arbeitsstudium — Bestandteil der sozialistischen Betriebswirtschaft. Arbeit u. Arbeitsrecht 23 (1968) 12, S. 307–314.
Hancock, W. M.: MTM — Grundlagenforschung in den Vereinigten Staaten. ZwF. Z. wirtsch. Fertigung 14 (1968) 6, S. 309–310.
FMC plant Verfünffachung seiner Polyesterfaserstoff-Kapazität. Chem. engng. News 46 (1968) 15, S. 10–11.
Starker Ausbau der Acrylnitril-Kapazitäten in Japan und Westeuropa. Chem. Ind., Düsseldorf 20 (1968) 5, S. 319.
Italien erzeugt wieder mehr Chemiefasern. Chem. Ind., Düsseldorf 20 (1968) 5, S. 311–312.

Sonderfragen

Fürstenberg, F.: Kulturprobleme des technischen Fortschritts. VDI-Z. 110 (1968) 16, S. 659–662.
Nawotki, E.: Perspektiven der Textilversorgung des Gesundheitswesens. Z. ges. Hygiene 14 (1968) 5, S. 400–402.
Bastius, B., Zwierlein, K. J.: Allgemeiner Grundlehrgang für die textile Betriebspraxis. Spinner, Weber, Textilveredlung 86 (1968) 6, S. 534–538.

31712

T/Ex 62

Zeitfracht Medien GmbH
Ferdinand-Jühlke-Straße 7
99095 Erfurt, Deutschland
produktsicherheit@kolibri360.de